# 骆驼

## 养殖技术与产品开发

李贵华　主编

中国农业科学技术出版社

**图书在版编目（CIP）数据**

骆驼养殖技术与产品开发 / 李贵华主编 .--北京：中国农业科学技术出版社，2022.1

ISBN 978-7-5116-5229-4

Ⅰ.①骆… Ⅱ.①李… Ⅲ.①骆驼-饲养管理②骆驼-畜产品-产品开发 Ⅳ.①S824②TS251

中国版本图书馆 CIP 数据核字（2021）第 043653 号

**责任编辑** 贺可香 张诗瑶
**责任校对** 马广洋
**责任印制** 姜义伟 王思文

**出 版 者** 中国农业科学技术出版社
北京市中关村南大街 12 号 邮编：100081
**电 话** (010)82106625(编辑室) (010)82109702(发行部)
(010)82109709(读者服务部)
**传 真** (010)82109698
**网 址** http://www.castp.cn
**经 销 者** 各地新华书店
**印 刷 者** 中煤(北京)印务有限公司
**开 本** 140 mm×203 mm 1/32
**印 张** 4
**字 数** 105 千字
**版 次** 2022 年 1 月第 1 版 2022 年 1 月第 1 次印刷
**定 价** 38. 00 元

# 《骆驼养殖技术与产品开发》

## 编写人员


**主　　编**

李 贵 华（阿拉善盟阿拉善左旗吉兰泰镇人民政府企业办公室）

**副 主 编**

哈　　达（阿拉善盟阿拉善左旗农牧局）

呼格吉勒（阿拉善盟阿拉善左旗农牧局）

王 秀 艳（阿拉善盟阿拉善左旗家畜改良工作站）

图　　雅（阿拉善盟阿拉善左旗农牧业综合行政执法大队巴镇中队）

周 俊 文（阿拉善盟畜牧研究所）

邬 瑞 芳（内蒙古民族幼儿师范高等专科学校）

**参编人员**

李 海 霞（阿拉善盟阿拉善左旗教育局青少年活动中心）

道 勒 玛（阿拉善盟畜牧研究所）

# 前　言

骆驼作为一个古老的稀有畜种，素有“沙漠之舟”的美誉。骆驼在进化与驯养过程中形成了独有的优良性能，骆驼超强的抗旱、抗灾性能是任何牲畜都无法相比的，这些正是骆驼在沙漠地区生存、发展的优势。

在世界范围内，骆驼有两种，具有 1 个驼峰的称为单峰驼，具有 2 个驼峰的称为双峰驼。单峰驼主要分布于苏丹、索马里、印度等地，双峰驼近一半分布于澳大利亚。在我国骆驼有阿拉善双峰驼、新疆双峰驼和苏尼特双峰驼 3 个品种，主要分布在内蒙古、新疆、青海、甘肃等北纬 36°以北地区。

内蒙古自治区阿拉善盟是我国骆驼最为集中的产地，有着超过 5 000 年的骆驼驯养历史，被誉为“骆驼之乡”。阿拉善双峰驼品种资源保护取得了显著成效，农业农村部（原农业部）高度重视阿拉善双峰驼的保护利用，将其列入《国家级畜禽遗传资源保护名录》重点保护，并于 2008 年建立了国家级阿拉善双峰驼保护区和保种场。2020 年，农业农村部在关于政协十三届全国委员会第三次会议第 1565 号（农业水利类 181 号）提案答复的函（农办案〔2020〕99 号）中，从建立和完善双峰驼保护区管理职能和机制、建立骆驼产业发展储备金制度、推进产业基地建设、解决牧户间草场矛盾和草原围栏等问题、出台军驼保护和双峰驼良种补贴政策、对驼绒收贮或牧民合作组织提供专项贴息贷款政策、大力发展传承骆驼文化等七方面对 2020 年两会期间全国政协委员、内蒙古自治区住房和城乡建设厅副厅长揭新民

《保护双峰驼畜种资源　推进骆驼产业发展》的提案做出了答复。这些是对阿拉善盟保护与发展双峰驼的鼓励与鞭策，也为骆驼产业发展创造了良好的机遇。

保护和发展骆驼产业，必须要有科学的方法和长远的规划。《骆驼养殖技术与产品开发》一书是在阿拉善地区生态保护与双峰驼转型经营及保种期间编写而成的。本书作者通过深入骆驼的主产区，对驼群进行长期调研、考察，搜集了大量的实用资料。它是一部既能指导骆驼科学养殖、管理和保护草场，又能指导骆驼产品有效开发的实用性图书。本书内容涵盖了畜牧、地质、草原、沙漠治理和大气科学等多个学科的知识，具有科学性、实践性和趣味性。本书能够为科学保护与发展骆驼产业提供可靠资料。

本书的完成得到阿拉善盟党政领导、阿拉善盟政协、阿拉善盟科学技术局、阿拉善盟农牧局、阿拉善盟文联、阿拉善盟畜牧研究所、阿拉善盟科学技术协会、阿拉善左旗人民政府、阿拉善左旗农牧局和上海茂隆红时生态技术有限公司的协助，本书的出版得到阿拉善盟科学技术协会刘挨枝主席的指导与资助，在此表示衷心的感谢。

编　者

2020年10月

# 目　　录

# 第一章　骆驼的环境适应性能

骆驼生活在干旱、荒漠、植被稀薄地区。这些地区通常地域辽阔，冬季严寒、夏季酷热，昼夜温差大，大风引起沙尘暴频繁发生。骆驼能够适应地理环境与气候的变化，具有极强的环境适应性能。

## 第一节　骆驼的饮食规律与消化功能

骆驼长期在艰苦的自然环境磨炼下，具备了极强的耐渴能力，役用驼每年初冬停止饮水 5~7d，当地人称“吊水”，“吊水”后仍然可以役用。经过“吊水”的骆驼蹄掌增厚，常年走山路不容易磨穿。骆驼失水，体重降低 30%仍没有生命危险，这给生活在荒漠缺水地区创造了养驼条件。骆驼饮 1 次水可以穿越几天无水地区。所以人们称它为“沙漠之舟”。成年骆驼饮 1 次水有 60~70L，足够自身 3d 的代谢需要。骆驼大量饮水后，通过血液循环存入肌肉组织内，不会马上排出体外。

骆驼是一种大食量家畜，役用骆驼每天需采食的饲草达 32kg，在夏秋季节，短时间内能改变体质。

驼科动物与其他反刍动物不同，骆驼胃具有三室。第一胃和第二胃内黏膜褶隔成群体小室，黏膜区的主要作用是分泌大量重要酶类及吸收和发酵。骆驼具有耐饥渴的特殊功能，试验证明，骆驼的耐饥性能和采食量与代谢强弱有很大关系。骆驼在冬季完全食干草时，粪便呈球形，含水分很少。骆驼机体有很好的节约水分功能，使骆驼能长时间抗饥渴。骆驼在5d内不进草料仍可以役用。根据1981年第二次全国骆驼育种会议介绍，内蒙古（内蒙古自治区简称）乌兰察布盟（现乌兰察布市）家畜改良站对骆驼耐饥、耐渴性测定，骆驼不给水草可以存活超过60d。

## 第二节 骆驼的汗腺功能

骆驼虽然属采食量大、饮水多的家畜，但是汗腺不发达，骆驼汗腺比较集中的部位在皮层较薄的四腿内侧与肚底，占身体面积的28%，役用驼也很少出汗，能够有效地减少体内水分的流失。骆驼长期行走在沙漠松软地面，制约了骆驼的奔跳、疾驰行为。骆驼行走很稳，能够减少出汗。骆驼的代谢水平要比其他大家畜低很多。骆驼走沙漠路驮100kg货物行走1km所消耗的能量是马的1/3。骆驼之所以能长期生存在荒漠缺水地区，是因为骆驼具有耐饥渴的性能，骆驼体内水分的贮存与它的皮肤密度、汗腺不发达有关。在冬季，放养的骆驼每天耗水量仅占体重的1%左右。骆驼在长时间缺水的环境下，就由体内脂肪来氧化代谢产生水。骆驼和其他牲畜不同的是体内红细胞对低渗透压的抵抗力比较大。骆驼几天喝不到水，体内严重缺水时，红细胞水分渗出，体积缩小，仍不会影响红细胞膜的生物学特性。在这种情况下，骆驼饮水后，体内红细胞逐渐恢复正常，对骆驼健康没有大的影响。

## 第三节 骆驼的行为与特殊性能

骆驼行为表现与其他家畜不同的主要有采食量大、行走快、宜游牧采食。阿拉善地区地广草稀，自古以来，骆驼春季收完绒毛后，就成群自由出走，游牧采食。每天可以行走20～35km，寻找牧草和水源。在夏季，只要是遇到凹地积存的雨水，就能连

续饮用几天。附近没有水，就到很远的地方寻找。经常是 2～3d 饮 1 次水。骆驼的采食范围主要在水源附近。在炎热的夏季，骆驼找不到水源，就自己控制食量，寻找水分多的植物（碱柴、沙葱等）增加水分。骆驼在干旱的年份 6—8 月，中午自行避暑，四腿跪在 40～50℃的沙地，头向北，臀部向南，减少太阳辐射面积，身下沙子的温度逐渐下降。这时，骆驼体温升高 2～3℃，与空气温度相差小，降低排汗。骆驼体大，长时间伏卧，排汗处不受热，出汗少。在气候炎热环境下，骆驼不会中暑。16—17 时，骆驼才开始行走、觅水、采食。

骆驼是一种记忆力很强的动物。什么地方有水，只要是去过一次，就不会忘记，哪怕离开 5～6 年，仍能找到这个水源。特别是繁殖母驼，离开出生地点 7～8 年，到了冬季水源结冰、喝水困难时，仍然会带后代找回来，熟练地走进棚圈（图 1-1）。

图 1-1　母驼和驼羔

## 第四节　骆驼的生态特征

骆驼长期生活在干旱、荒漠、草原严酷气候的环境中（图 1-2、图 1-3），如阿拉善地区，这一地区受三大沙漠的影响，夏季地面温度常达到60℃左右，夏季最热天气温度高达40.2℃。骆驼具有很好的自身散热功能，夏季绒毛全部脱落，宜散热。骆驼的汗腺不发达，高大的体型只有肚底皮层薄处易出汗，可以保存体内大量水分。役用骆驼在酷热的气候下，中午休息，早晚凉爽时干活。繁殖母驼和育成期驼群，自由地游牧在沙漠地带草场，习惯地躲避炎热阳光和高温。中午骆驼靠近灌木有阴凉的地方卧下，这样地面温度不会升高，身下能够避开高温的蒸烤。

图1-2　骆驼的生存环境

图1-3　骆驼的行走环境

在收绒毛季节，不能让骆驼远走。收绒毛期间，如果骆驼几天不回家，驼绒就会被风刮走或者被植物刮掉，收不到已经脱下来的绒毛。自然脱下来的绒全是优等绒，这种绒价格高。骆驼的肚底绒和晚脱落的绒比较短，质量差，价格低。根据龄段和膘情，骆驼脱毛时间不一致。春季3—4月是繁殖驼、育成驼收绒毛季节。在3月初，把肘毛剪掉。4月把身体两侧绒毛及时剪掉。饲喂能量饲料的骆驼，春季体内热量高，很早就开始脱毛。空怀母驼膘情好，就会早脱毛。奶羔母驼，膘情差，绒纤维短，脱毛时间多在5—6月（图1-4）。

**图1-4　脱毛季节的骆驼**

奶羔母驼的膘情不一致，脱毛时间很难一致。特别是老龄母驼，到6月还迟迟不脱毛，人们称“死毛”，这种毛就需要剪掉。

驼羔绒毛收得比较晚，当年驼和2岁驼羔针毛长，绒纤维细，一般直径为14~16μm，容易粘到一起，不容易脱落。到6月，需要把没有脱落的绒毛全部剪掉，收完绒毛的骆驼全部放入大群，让其自由地采食。

## 第五节　骆驼的耐高温性能

随着气温的升高，骆驼的体温可增高2~3℃，缩小了体温与气温的差距，可维持正常生理机能。另外，骆驼通过呼吸道的途径降低体温。骆驼在气温高过自身体温时，通过加快呼吸调节体温。骆驼还可通过皮肤出汗降低体温。

炎热天气时，骆驼通过动作行为调整来适应高温及转换热量。在太阳光强时，骆驼卧地休息，头向北，臀部向太阳照射方向，身躯为阳光的侧射，阳光直射的面积小，减少体表吸收辐射热量。同时，庞大的身躯遮光，骆驼肚底沙子温度较周围低。骆驼另外一个适应高温的原因是在初夏被毛脱换时，体表被毛短，宜散热。

## 第六节　骆驼的抗寒性能

骆驼生活的环境冬季气温常在-28℃左右。因气温远远低于动物体温，冬季是其他牲畜灾难性的季节，牲畜要动用能量抵抗寒冷，如果每天摄入能量不足，就需要从体内转化能量，这样会使牲畜消瘦。但骆驼全身有稠密而细长的绒毛防寒。骆驼有粗大的体格和较丰富的脂肪，即使在寒冷的气候下卧地休息，也能够减少体内热量消耗。

骆驼自身调节体温功能非常复杂。根据实地试验，骆驼因年龄和体质不同，可产生不同调节力度，通过对放牧养殖的年轻骆驼测温，气温在-20℃左右，骆驼肛温平均在36℃左右。二者的温差小，提高了抗寒性能。随着气温的升高，骆驼的体温也在回升，气温在-10℃左右，5岁骆驼肛温可升到37.2℃。

# 第七节　骆驼的耐渴性能

骆驼因耐渴而生存在荒漠缺水的草原，这个畜种从古老的时代就驯养在这种环境中，是原生态品种。这类畜种的产生、驯养品种的保留有几个方面原因。其一，骆驼能适应在缺水区域生存。其二，骆驼适宜走沙漠地带。其三，骆驼的役用优势，以驮作为运输方式，可以把没有路的沙漠地区的畜产品驮运出来，把牧民的生活和生产用品驮进去。在干旱年份，经常几天找不到水源，驼群需要每天走 30~40km 在草原上寻找水喝。只要有降水能在盐碱地储存，就可以维持骆驼几天的饮水。骆驼从小练就了耐渴的性能，骆驼幼期跟着母亲长途跋涉，有时几天饮不到水也能坚持奔跑。

骆驼 1~3 岁在繁育群内成长，多数是随母亲行走，组成了母系族群体，有的三代在一起组群。繁育群包括适龄繁殖母驼、育成期母驼和哺乳期驼羔，也有役用驼退役后归群，是骆驼数量的 60%~65%。在交通不发达时期，有 20%左右是役用驼，使用于运输（驮运、拉运）、骑乘、耕驮（耕地、种地）等，这些骆驼饮水比较规律。近些年来，骆驼进入了旅游业，在不同区域的骆驼，有不同的饮水条件。繁育群的骆驼饮水规律基本一致，多数为 2d 饮 1 次水。夏季嫩草旺盛时，有时 3d 饮 1 次水，只要遇到少量雨水可以坚持 4~5d。在秋季，干旱区的骆驼多数是隔 1d 饮 1 次水。到了冬季，骆驼群全回到棚圈附近。奶羔母驼需要每天饮水，驯养役用骆驼要锻炼“吊水”，平时 2d 饮 1 次水。到天气凉爽期，进行 4~5d 饮 1 次水的训练，这样才能使骆驼的硬蹄掌增厚，到役用时不会把蹄掌磨穿，更能适应耐渴性。

冬季役用驼饲喂干草，特别是进入深冬、春季，放牧和喂养全为干草，每天饮 1 次水。夏秋季牧草绿时，役用驼多数需放养，让其恢复体膘，准备冬季使用。秋季的膘情抓不好，冬季无法役用。役用驼在每年11月初必须“吊水”6~7d。这个时间停止饮水，3d以后骆驼食量逐渐减少，经过6~7d几乎不进饲草料。“吊水”结束，到饮水的时间，先给骆驼喂少量草料，然后第一次少给点水喝，等到第二天再增加一倍，这时骆驼开始吃草料。第二天可以饮水6~8kg，第三天可以饮水10~12kg，第四天可以随便饮水，这样驯养出来的骆驼，蹄掌不易磨穿，役用期间不易流膘，体格健壮，不易生病，抵抗力强。骆驼的“吊水”决定着其的体质优劣，可以增长劳役和抗病能力等多方面的强度。骆驼采食量大，从中摄取草内大量的水分，能够减少饮水次数，有的新鲜牧草可以达到70%~80%的水分，这样可以添补骆驼体内水分。骆驼大量饮水后，通过血液循环，将水贮存在肌肉组织内，不易很快排泄，使骆驼的体内水分贮存长久。骆驼的机体是一个大容量的贮水源。骆驼还能够节约用水，主要表现在体温变化、不发达的汗腺、低水分的粪便及尿量少等多方面的因素。

骆驼的体温变化对体内水分的节约有决定性作用，在外界温度上升时，骆驼的体温也随之升高，减少了排汗，降低了体内水分蒸发。

骆驼虽然采食量大，饮水量多，但是汗腺不发达，不同程度地限制了体内的水分流失。骆驼皮层密度高，很少出汗，加之自身的调温机制和稠密绒毛的保湿作用，减少了皮肤的水分流失，保留住体内水分，增强耐渴性能。

骆驼保留体内水分的另一个功能是干燥的粪便。骆驼粪的水量随季节和所食牧草不同，有很大差异。在冬春季节，吃了干草，特别是吃了木质坚硬的牧草，粪便呈球形干硬。在夏秋季，吃了多汁牧草，粪便稀。

骆驼的尿量比较少，多数的水分贮存在肌肉内，在干渴的情况下，尿量逐渐减少，缺水严重时，停止排尿，这些因素构成了

骆驼体内节约用水的重要因素。骆驼在停止饮水的日子里，机体红细胞内水分渗出进入血浆，维持了血浆稀释度，这是骆驼耐渴的重要因素之一。研究指出，当机体外源性水分长期缺乏时，骆驼首先表现为血浆脱水，血浆渗透压上升，红细胞的水分渗出进入血浆，红细胞体积收缩。饮水后，红细胞逐渐膨胀，恢复为原来的体积。由骆驼“吊水”前后体质的测定结果可以得知，血浆脱水，红细胞缩小，根据骆驼“吊水”前后的体质反应，并不影响红细胞的生物学特征。

骆驼体内另外的一大特点是能够产生大量代谢水。代谢水是骆驼机体组织在有机物质代谢和转换过程形成的内源水。骆驼的脂肪是有效的代谢水源。骆驼能够贮存大量的脂肪和丰富的肌肉。成年驼胴体重量可以达到 320～360kg，脂肪可达到 65kg。骆驼的脂肪分布在驼峰、脊梁及肋骨表层。肌肉在缺水时可以代谢出大量的水分给予补充。

有专家认为，沙漠中的骆驼具有耐渴性能也在于它特异的鼻腔。它呼出气体的温度低于体温，湿度比重为 44～48mL/L。骆驼鼻腔面积大，黏膜黏性强，如有干燥的沙尘空气进入鼻腔，黏膜渗透出的水分可以湿润空气，就是扬尘频繁的沙漠区域骆驼也不会因此出现肺炎等呼吸系统疾病。骆驼通过肺部把空气呼出，大量的潮湿气体经过黏膜时，黏膜会把 70%左右的水分回收下来，增加了黏膜部位的水分与黏度。这正是骆驼鼻黏膜功能的特殊性能，也就是骆驼善于保存水分的主要因素，更是骆驼能够适应沙漠缺水环境的本能。骆驼鼻孔与其他牲畜不同，呈长瘪形，虽然孔大，但可以关闭成一条缝隙。成年公驼鼻孔的长度为 6～7cm，鼻孔壁生长着向外弯曲的鼻毛，对吸入和呼出的空气形成一种可调节的屏障。吸进的异物可以过滤到鼻的前部，骆驼感觉到鼻孔异物聚集，就会甩头、喷气，把异物排掉。呼出的气可以把水分过滤在鼻孔黏膜上保留下来。骆驼的呼吸次数是随着气候的冷热来决定的。在春季，气温在20℃以下，骆驼每分钟呼吸为6~8次。呼吸过程中，鼻孔的张合根据气候决定。在扬尘天，骆驼鼻孔一般不张开。呼气时，空气缓慢经过鼻孔中，气流间的水分在鼻壁和鼻毛上凝结成水珠，回收到口腔减少了水分向外排出，降低骆驼体内水分的流失，提高了骆驼耐渴、耐热性能。

## 第八节　骆驼的耐饥性能

通过役用和“吊水”试验可知，骆驼是以耐饥渴来适应荒漠区域的。多年来的实践证实，骆驼的耐饥渴性能及特征是其他家畜无法比拟的。在阿拉善盟、宁夏（宁夏回族自治区简称）、甘肃、锡林浩特等区域原来大量使用骆驼运输、耕种、作骑乘，成年骆驼在秋季天气凉爽期20d不供给水仍能生存下来。有专家曾经测定双峰驼耐饥、耐渴性能的报告结果：不给水草，平均存活60d；只给干草不给水，平均存活超过70d；不给草只给水，平均存活110d。这个结果说明了骆驼耐饥、耐渴的特殊性能是抵抗自然灾害的特有能力。

骆驼是稀有家畜，全球数量少，役用范围逐渐缩小。人们对双峰驼性能的研究远远少于其他家畜，多数的性能是从以往的生产生活中总结出来的，骆驼耐饥特征与其采食能力、脂肪贮存优势、代谢方式有着重要的关系。由于骆驼体大，胴体重，体内贮存大量的脂肪与水分，生理上具有较强的节约用水性能，这些优良性能对骆驼的耐饥有着重要作用。

# 第二章　骆驼的繁殖性能

## 第一节　骆驼的发情期

### 一、骆驼的初情期

骆驼的初情期是指母驼出生后生长到开始第一次发情。在这一段时间，通过育成期的培育其体质已经具备了繁殖机能。骆驼属于诱导排卵类家畜。与其他食草动物不同，它在发情时不伴有自发性排卵。只有在卵泡发育到发情显性程度时，其表现出发情行为。

阿拉善双峰母驼初情期年龄在 30 月龄左右，多为 3 岁受胎，4 岁产羔。在草场连续好的年景，青年驼发育较好时，不加控制也会出现 3 岁产羔。

骆驼初情期的迟早，不仅与其年龄和体质状况（体重、膘情）有关，而且还受多方面的因素（如营养、环境、气候等）影响。应发情月龄赶到冬季，多数的母驼按规律自然发情。应发情月龄赶到夏秋季，发情一般要延迟。

不同地区的骆驼开始发情的时间，因地理环境的差异而不相同，主要是与个体的营养状况、气温及当地海拔有关。

### 二、骆驼的发情症状

母驼的发情表现不如其他牲畜表现明显。母驼到卵泡发育成熟时才会表现发情，多为公驼求爱下，才卧倒接受交配，或者是人工协助交配。成年母驼在发情旺盛时，有时跟随公驼，有时还爬跨其他母驼。

双峰母驼因不经交配不能排卵，卵泡萎靡后又有新的卵泡发育，如果在发情期不交配，出现长期发情，发情好的母驼发情可长达65d左右。

由于形成黄体骆驼排卵后开始拒配，拒配的时间是在排卵后2~6d。母驼拒配时，如公驼走近，便马上站立，同时尾向上圈，有的撑开后腿撒少量尿。

如果排卵后的母驼未受精，会在排卵后5d左右又有新的卵泡开始发育，同时母驼又有显性发情征兆。

## 第二节　骆驼的诱导发情

骆驼是属季节性发情的受诱导排卵型动物，性成熟比其他大牲畜晚。这造成骆驼发情慢。

骆驼在初情期前的诱导发情到发情季节准时发情，可以适时配种（表2-1），在科学研究上有很重要的意义（图2-1）。

**表2-1　骆驼配种情况**

| 编号 | 年龄 | 胎次 | 选配母（公）驼体质状况 | | | | | | | | 备注 |
|---|---|---|---|---|---|---|---|---|---|---|---|
| | | | 编号 | 年龄 | 毛色 | 产绒量 | 身高 | 体长 | 胸围 | 管围 | |
| | | | | | | | | | | | |
| | | | | | | | | | | | |
| | | | | | | | | | | | |
| | | | | | | | | | | | |
| | | | | | | | | | | | |
| | | | | | | | | | | | |
| | | | | | | | | | | | |

图 2-1　骆驼的交配

## 一、骆驼的配种年龄

本部分以阿拉善地区的双峰驼为例，介绍骆驼的配种年龄。阿拉善地区的双峰驼多在 3 岁时进行配种，在连年干旱期间，青年驼发育差，第一次配种是在 4 岁左右，过早配种会影响母驼本身和胎羔的发育。

阿拉善地区母驼的繁殖能力可维持到 16~18 岁，19 岁以上产羔的母驼也有出现。母驼年龄过大产羔，费草料，其驼羔发育差。老骆驼采食慢，代谢差，泌乳功能减退，很难哺乳好驼羔。

## 二、在初情期诱导发情措施

动物在初发情期前的性腺和生殖道会对外源性的促性腺激素发生反应，以这种特性来缩短其达到初情的年龄，以此提高繁殖性能。骆驼的性晚熟是影响其繁殖率的重要因素之一。

## 三、休情期诱导发情措施

骆驼是季节性发情的动物，其休情期比较长，在养殖过程中需要在休情期进行诱导发情。研究表明，通过注射大剂量的孕马血清能够成功诱导发情。然而，在实际生产中，常因黄体功能不足，虽然诱导发情得到成功，但未能成功怀孕。

## 第三节　骆驼的妊娠期

### 一、妊娠时间

骆驼的妊娠期从自然交配观察，平均为 13 个月零 7d。

怀母羔期平均为 401d。怀公羔时平均为 405d，两者相差 4d，即使同一天配种的母驼，其妊娠期也表现出一定的差异。

### 二、排卵时间

双峰驼的排卵发生于交配或人工输精后 38~48h。排卵时受黄体生成素的影响，在黄体生成素的作用下形成功能性妊娠黄体，妊娠后产生大量的孕酮，维持妊娠的进行，怀孕黄体存在于整个妊娠期。

### 三、妊娠现象

母驼怀孕 40d 后，食欲明显增加，毛色改善，膘情逐渐变好。妊娠 6 个月后，腹部逐渐增大，腰明显变粗，行走稳、慢，不愿急行、蹦跳，很少和大群驼拥挤行走。尤其是到产前 2~3 个月，乳房开始逐渐增大，但是仍看不到乳头。有的母驼在产后乳头仍然被较硬的“奶楔”堵塞着。在妊娠期，早晨孕驼空肚时右腹下部靠肷处，可触摸到胎羔，这些情况基本和其他牲畜相同。

母驼妊娠后嗦毛和肘毛比空怀母驼长得快。阴唇周围皮肤上生长着光洁短毛，与四周皮毛形成了明显的界限。呈竖的椭圆形。观察这些现象，诊断是否怀孕，但是在年龄的差别上，互相

之间有一定的差异，不经常观察是很难识别的。

## 第四节 骆驼的分娩期

### 一、分娩前变化

妊娠驼在分娩之前，会出现以下变化。

**1. 阴唇的变化**

骆驼妊娠末期，阴唇一般出现水肿。根据孕驼的年龄与体质，肿大开始的时间个体差别很大。多数孕驼产前阴唇数天开始明显肿大，有的孕驼则在产前 30d 即已明显肿胀，肿大的程度在个体之间有一定差异。

**2. 乳房的变化**

骆驼的乳房多在产前 30~40d 开始发育增大，到产前 15d 逐渐膨胀，皮层渐紧，乳头基部开始变粗、柔软，产前 5d 内整个乳头显著胀满，充满乳液。

**3. 行为的变化**

母驼在分娩前 3h 表现不安，或设法离群出走。产前 1d，母驼表现异常，放牧时常在驼群边缘单独行动，同时采食量减少。进圈后沿着墙不停走动，或者张望门外，企图外出。

**4. 其他变化**

大多数母驼在表现不安及离群出走时，子宫颈不同程度地张开，但是阴道的变化不是很明显。

### 二、分娩过程

骆驼的分娩过程分为开口期和产出期。

**1. 开口期**

开口期前，产驼的子宫颈阴道部周围有一环形黏膜皱襞，皱襞松弛，有时会收缩，像是把子宫颈阴道部包了起来。到了开口期，从子宫颈开始松弛到完全张开，与阴道襞的界限消失，大牲畜中与牛的状况基本相似。临产期，子宫颈是逐渐张开的，子宫颈堵塞逐步软化。子宫颈开放以后，胎羔的两前蹄和头部带着一部分羊膜，进入阴道，有的母驼在胎头进入阴道后经过 1h 才能产出，所以胎羔前置部位进入阴道后，不一定会马上启动产出。

在开口期过程中，由于胎羔部位靠前。母驼无努责现象，明显表现起卧不安。骆驼开口期的时间 24~40h。

2. 产出期

从母驼的行为上可以看出产出期的界限。产出开始，母驼自动半侧卧，同时出现努责（图 2-2）。经过一段时间努责后，在阴门口看到乳白色、半透明的白羊膜，其中夹有浅黄色羊水。同时见羊膜呈囊状突出阴门口之外。在囊中就可以看到胎羔的两前蹄。努责的时间为 40~80s。开口期胎膜囊向阴道内移动着，绒毛膜层破裂，羊膜囊进入阴道，胎羔下滑行，出现便粪症状，继续努责，胎羔逐渐外行。

图 2-2　母驼生产

有些母驼在羊膜囊露出后，阴唇出现疼痛停止努责，甚至站起，露出的胎囊又缩回了阴道，再次卧下努责时，胎囊再重新露出，胎羔的头较小，通过产道时比较顺利。

羊膜囊的破裂发生在阴门之外，并且是在胎头或胎蹄露出之后。羊膜囊外面光滑，把胎羔的头与四肢包起来，不易分散，易产出。羊膜囊与地面摩擦而破裂。胎羔的胸部通过盆腔时困难很大，这时产羔驼努责频繁，连续进行，努责时母驼全身侧躺，前蹄伸直，后蹄摆动。胎羔由于胸部受到压迫，胎盘蠕动，母驼子宫大力收缩受阻，胎羔出现呼吸困难，必然用力挣扎，张口，努力呼吸。

母驼在努责时，会听到胎羔胸部骨骼被挤压地咯咯作响，胎羔胸部在通过盆腔的过程中，母驼常会短暂休息，出现坐卧或站立走动，随后再次侧卧努责。

胎羔胸部露出后，母驼暂停努责，抬头看自己的肚子，片刻继续努责，很快将胎羔的后躯排出，胎羔迅速排出后，脐带多数同时断裂。母驼体壮时，胎羔胸部露出后立即站起，胎羔后躯自然离开母体（图 2-3、表 2-2）。

**图 2-3　初生驼羔**

**表 2-2　繁殖母驼产羔质量状况**

| 编号 | 龄段 | 毛色 | 胎次 | 产羔质量 | | | 驼羔等级 | | | 备注 |
|---|---|---|---|---|---|---|---|---|---|---|
| | | | | 公羔 | 母羔 | 毛色 | 一等 | 二等 | 三等 | |
| | | | | | | | | | | |
| | | | | | | | | | | |
| | | | | | | | | | | |
| | | | | | | | | | | |
| | | | | | | | | | | |

脐带被扯断后，脐带断面缩入脐孔内，反留 12cm 左右长的羊膜套，套内有较短的一段脐动脉断端。脐带没有自己撕断者，要立即进行人工断脐。

胎衣排出过程是在胎羔出生后，母驼可安静 15～20min，经过 40～50min，母驼重新侧卧或伏卧，这时出现再次努责，努责的强度要比产羔期小得多。经过 18～25min，尿膜、羊膜呈囊状露出阴门口，表面光滑，为淡白色，内有浅棕色尿液。随着产羔驼的继续努责，囊膜向阴门外突出增大，胎衣从子宫体渐渐从阴门外排出来。最终子宫角内的胎衣连续排出。

骆驼胎衣排出总是绒毛膜位于表面。其尿膜在产出时一般不出现破裂。在胎衣排出过程中也很少破裂，所以胎衣排出后尿囊多呈整体。

骆驼的胎衣排出时间一般平均 50min 左右，很多也会延长到 140min 左右。尿膜在排出时破裂者，胎衣排出速度较慢。

## 三、人工助产

大牲畜的助产措施基本相同，但是在具体操作过程有所不同。

**1. 接羔准备工作**

首先是接羔场地选择，在水资源缺乏的荒漠草原，产前要尽量选择近水源、避风的场地。繁殖母驼产羔后，在奶羔期母性行为明显。

产羔后终日守卫着自己的羔，5d 以内在驼羔周围进行采食，驼羔一叫就走过来。如果有人或其他动物接近驼羔，立即呈现凶狠状态，逼迫让其离开。

**2. 母驼产羔前的管理**

繁殖母驼群在产羔期间要经常观察母驼有无表现异常，如采食量减少、有不安行为、设法离群寻找适地。如果出现这些征兆立刻牵送到产圈。

**3. 产驼的助产方法**

骆驼产羔时，待前肢与胎头露出后，如胸部经过骨盆时缓慢，要配合母驼的努责，一人拽出胎羔，避免出现窒息死亡。拉的方向要向后，使胎羔身子的纵轴向下弯，呈弧形。防止胎羔前峰把阴门撑破，另一人要把阴唇向上护扶。胎羔产下时，在脐带外面涂上碘酊，并且把少量碘酊滴入羊膜腔内。脐带不能结扎时，要采取包扎。出生后 2~5d 脐带可以完全干燥。驼羔的脐带脱落要比牛、马慢，多数为 20~30d。

**4. 分娩期疾病的防治**

骆驼产科疾病是比较少见的。如胎衣不下等病症在骆驼中很少出现。在分娩时，有时会出现难产，主要表现有头颈侧弯、腕部前置等，这些现象是可以及时纠正的。在母驼开始努责时，必须要进行观察。如果在阴门内发现 2 个胎蹄和唇部，这说明胎羔正常，可以让其自己产生。如果经过一段努责后，露出的部位不是胎蹄与唇部，要及时进行检查，只要及时助产，矫正产出是比较容易的。

## 第五节　驼羔的生长发育

### 一、驼羔的生长发育特点

驼羔是指出生到2岁之间的小驼。驼羔在出生第一年是生长最快的时间。在驼羔哺乳期要给哺乳母驼加强营养，给足够的饲料喂养，提高泌乳量。给驼羔增加营养，培育体大健壮的驼羔，是提高驼羔个体质量的主要环节。驼羔在发育期间要科学喂养，其效果特别明显，骆驼幼期喂养好，在生长期发育正常，按骆驼幼期生长规律发育，驼体格大、健壮、力气大。如果在发育期缺乏营养，必然影响骆驼的身高、腰围，严重影响其体质。特别是胚胎期，孕羔母驼喂养不好，缺乏供给胎羔的足够营养，驼羔的胚胎发育就差，造成发育的先天不足。这种驼羔很难喂养，出生后体格弱小，抵抗能力差，易生病，胚胎期发育不良影响骆驼一生的体格。只有从胚胎到羔期加强喂养、提高体质，才能发展优质的骆驼，提高驼群生产水平，扩大产业化的发展基础。

### 二、驼羔的生长规律

骆驼在胚胎期间主要的器官系统已经形成，中枢神经系统逐渐发育完善。但是，到出生后，驼羔的组织器官尚未充分发育成熟，对外界初接触的气候、环境、食物等很不适应，自然抵抗力较低，适应性较弱，绒少、毛短、皮肤的保护机能较差，神经系统不健全，对外界气温的感觉不敏感。初生驼羔不会防备严寒和高温的侵害，比较易受各种不利因素的影响而发生疾病，给发育造成影响。

**（一）驼羔易生病的原因**

驼羔各系统功能没有健全。4 个半月龄前驼羔的生长需要的营养全靠母乳提供，消化系统依赖以适应易消化的流食和乳液为主。驼羔进入 5 月龄，开始训练吃草，消化器官产生改变，肠胃体积变大，消化功能增强，逐渐适应了食草料。因为驼羔的消化机能差，采食量小，满足不了生长发育的需要。驼羔在出生 16 月龄以前必须继续吃上母乳，生长才能不受影响。驼羔进入 17 月龄完全靠饲草料喂养时，瘤胃的发育已经健全，消化能力逐渐提高，采食量随之增大，采食逐渐形成成年驼的规律。根据驼羔发育期营养需要来喂养，驼羔在生长期就不会受到影响。

**（二）驼羔的驯食过程**

新陈代谢逐渐旺盛可促进驼羔的生长。随着年龄的增长，骆驼生长速度逐渐缓慢。尤其到了性成熟期，生长速度减慢，食欲也减退，上膘更慢。骆驼从幼期到成年的体形变化普遍是先增加体高，逐渐增加体长，最后胸围增粗，体重增加，体格变得健壮（表 2–3、表 2–4）。

**表 2–3　驼羔的生长规律**

| 日期 | 编号 | 出生日 | 毛色 | 父系编号 | 母系编号 | 一等 | 二等 | 三等 | 身高 | 胸围 | 备注 |
|---|---|---|---|---|---|---|---|---|---|---|---|
| | | | | | | | | | | | |
| | | | | | | | | | | | |
| | | | | | | | | | | | |
| | | | | | | | | | | | |
| | | | | | | | | | | | |
| | | | | | | | | | | | |

表 2-4　骆驼体质状况

| 编号 | 岁数 | 体重 | 身高 | 体长 | 胸围 | 管围 | 产绒量 | 一等 | 二等 | 三等 | 备注 |
|---|---|---|---|---|---|---|---|---|---|---|---|
| | | | | | | | | | | | |
| | | | | | | | | | | | |
| | | | | | | | | | | | |
| | | | | | | | | | | | |
| | | | | | | | | | | | |
| | | | | | | | | | | | |
| | | | | | | | | | | | |
| | | | | | | | | | | | |
| | | | | | | | | | | | |
| | | | | | | | | | | | |

## 第六节　驼羔的科学饲养方式

### 一、初生驼羔的管理

骆驼一般是一胎一羔，很少产双羔。初生的驼羔胎膘比较好，一般体重为38~46kg，占母驼体重的5.5%~7.2%。初生驼羔的体温调节、酶活动及各组织器官机能不健全，生活能力较弱，步态欠稳，常发生跌跤、碰撞，在此期间必须要加强护理。

做好接羔护理工作。驼羔产下来，首先用干净的纱布或者新毛巾擦出口、鼻内黏液，以防驼羔吸入气管，造成呼吸困难，甚至窒息。大多数的繁殖母驼，驼羔跌地后，就站起来，舐掉驼羔

口、鼻内黏液，如果母驼不舐羔，驼羔身上的黏液也用纱布擦干，以免受凉感冒。

脐带做好消毒工作。用棉布包着驼羔腹部，驼羔放在干燥、垫有柔软草的地方。如果是寒冷天气，可以把驼羔放入接羔棚内。产羔后，驼羔没有自己断脐带，必须要人工断脐。具体方法是，距离肚脐10~12cm，用5%碘酊消毒，并用手把脐带中的血液向下挤出来，然后在此处用消毒后的线绳扎好，将脐带剪断，在断面涂擦碘酊消毒。

母驼的初乳是指分娩后7d内所分泌的乳汁。初乳含有很高的蛋白质、能量、矿物质和维生素供给驼羔生长发育。初乳所含的营养物质随母驼产羔后时间增加和乳液排量逐渐下降。初产的驼羔哺喂初乳后，体质就会增强。

一般在出生2~4h进行人工辅助哺乳。在哺乳前母驼乳头用温水洗净，并排挤去最初存下来的少许初乳。

为了促进新生驼羔胎粪的排出，在哺乳前给驼羔灌服80~100g蓖麻油或清油。第一次哺乳后，要防止驼羔肚子受凉，以免造成消化不良或腹泻。过去3~4h开始第二次哺乳。需人工哺乳的驼羔，每天哺乳3~4次。为了防止驼羔贪食引起的消化不良，应对泌乳量大的母驼，在早晚进行适量挤奶，这样防止母驼出现乳腺炎，也能提高母驼泌乳能力，到驼羔长大后母驼仍有足够的乳液。

初生羔母驼有的不认自己的羔，拒给驼羔哺乳，就需要人工协助，先采取母子互嗅法诱导。挤出产羔驼少量乳液涂在母驼鼻孔处与驼羔头部及母驼易嗅的部位。同时，把母驼的鼻绳拴在靠近驼羔处。让母驼能够嗅到驼羔的气味，逐渐与驼羔熟悉相认。如果仍拒绝哺乳，那就采取强制措施。将母驼的左右后腿用绳子拴在桩子上，然后把母驼向前牵拉，被拴住的腿被拉住，右腿悬空吊起来，这时护理人员就可以在同侧协助驼羔哺乳。

如果是母驼产羔后生病，驼羔没有哺乳时，可以用人工乳代替母乳，也可以用鲜牛奶代替母乳。喂时要隔水加热到37℃，装入奶壶给驼羔饲喂。过半个月后就可以训练驼羔用小桶饮奶。人工哺乳必须定时定量，不过量饲喂，避免造成驼羔消化不良，每次喂时温度要适宜。

## 二、幼龄驼羔的饲养管理

驼羔需要在比较平整的运动场活动，钉在地下的拴驼羔桩桩头不能露出地面，防止驼羔摔倒在桩上刺伤。驼羔降生15d左右，用长绳轮换系于前臂，40d后就可以戴上小笼头，在运动场转圈活动。这时不准其他牲畜进入运动场，防止相互绞绕住缰绳。2月龄后就可以随同母驼短距离行走（图2-4）。4月龄开始用笼头拴牵。驼羔在5月龄以内的营养基本全靠母乳供应。5月龄后，开始训练吃草，直到16月龄前，驼羔必须有母乳的营养。在哺乳期过多的挤奶会影响驼羔的生长，特别是在6~7月龄期，挤奶的次数与数量过多，就会影响哺乳驼羔的发育（图2-5）。应该随着驼羔的月龄及哺乳量的增加，挤奶量逐渐减少，保证驼羔摄入足够的乳汁。

**图2-4　母驼与驼羔**

根据地区草场条件，进入冬季对1~2周岁的驼羔分别给予驯食。喂养1~2kg混合精饲料，并且要添加15~20g食盐。驼羔

图 2-5　6 月龄驼羔

随着体重增长食量增加，这样才能保证驼羔正常生长，并发育为体格健壮的成年驼。

## 三、驼羔的断奶

在荒漠草场，驼羔的断奶比较晚。一般的断奶时间在 14~16 月龄进行。最佳断奶时间是每年的 5—6 月，这时已有青草，大群骆驼多数采取自然断奶措施（图 2-6）。让驼羔自由哺乳，到了母驼受胎后奶水逐渐下降，一直到完全停止乳液分泌，驼羔自然停止了哺乳。

图 2-6　断奶后的大群骆驼

为了保证胎羔的正常发育，牧民们采取母子隔离的断奶措施。把母驼拴到远离驼羔的草场，让母子分隔不能相见。分隔16~20d，就可以完全断奶。另一种方法是用布包扎住母驼的乳房，使驼羔找不到乳头，吃不到奶。禁止对初断奶的驼羔进行恐吓和异常的逗弄，更不能殴打，这期间可以对其进行牵拉训练，训练驮物、调教收毛习惯（图 2-7）。

图 2-7　未跟群驼羔

## 第七节　骆驼的年龄鉴别

可以从骆驼的口齿、被毛细密度和光泽度、皮肤弹性、眼盂饱满程度、目光明亮程度、举动活泼与否等分析其年龄。老龄骆驼皮肤干枯，毛色缺乏光泽，眼盂凹陷，无光，眼圈上皱纹多，行动迟缓。眼睛内反照人影也能看出其老幼。眼睛反光照出人全影，是青年驼；只能照出半影，是 15 ~ 17 岁以上骆驼；眼睛灰色不反人影，是 19 岁以上的骆驼。

## 一、骆驼的口齿鉴别

正确识别骆驼的口齿对评估其经济价值以及进行科学合理的利用和饲养是很重要的。在饲养和管理的实践中及骆驼的交易时，往往缺乏口齿识别，而断定不出龄段的准确性。有的牧民和商人对骆驼的观察和鉴别很有经验。骆驼的年龄鉴别，主要根据其牙齿的生长模样、脱换情况和咀嚼面的磨损状况（图2-8）。

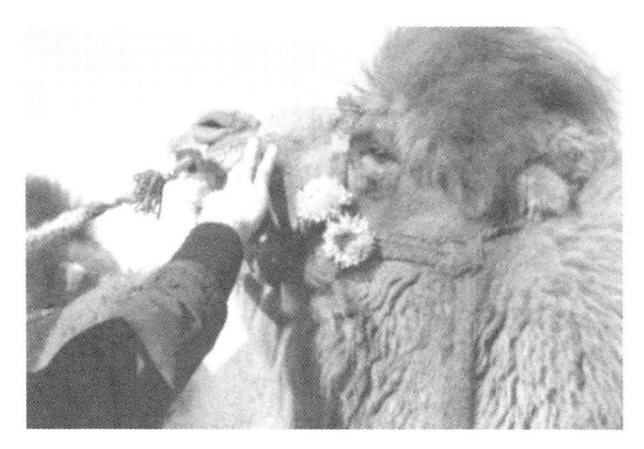

图 2-8　骆驼的口齿鉴别

## 二、骆驼牙齿的构造及形状

骆驼的牙齿外露出口腔的部分称为齿冠，进入颌骨槽（牙床）内的部分为齿根（牙根）。齿根与齿冠连接部位为齿颈。骆驼牙齿的构造与其他食草家畜相同。在齿冠的最外层及齿根的表层面，有一层污黄色的白垩质，作用是让齿根牢固稳定在齿槽内。在白垩质的里面，有一层洁白、坚硬又光润的珐琅质，在切齿磨损面，珐琅质层面向下呈漏斗形凹陷面，称为齿坎（图2-9）。

图 2-9　骆驼的牙齿

齿坎由于食物的腐蚀作用后呈黑色，形成黑窝。在珐琅质层的里面为牙齿的主体象牙质，呈淡黄色，内有空洞，称齿髓腔，腔内有血管、神经组织。

## 三、骆驼牙齿的名称

骆驼的牙齿根据位置与作用，由颌骨中间向两侧依次可分为切齿、大齿与白齿。下颌切齿有 6 枚，正中间的 2 枚叫作门牙；靠门牙两外侧的称中间牙，左右各 1 枚，仅靠中间齿两侧的称隅牙（隅齿），同样为左右各 1 枚。下颌白齿为 10 枚，即大齿的两外侧左右各 5 枚。骆驼上颌牙齿的排列同下颌相同，只不过是数目不同。上颌切齿中只有隅齿，靠近上颌犬齿，第一对切齿（门牙）永不生出。第二对切齿（中间齿）即使有也很小。隅齿双外侧是犬齿，左右各 2 枚，上颌白齿左右各 6 枚。

## 四、通过眼睛分析骆驼的年龄

5~7 岁的骆驼，眼睛明亮，像一面镜子，能反射出全部图像（图 2-10）。在 11 岁以后的骆驼眼睛瞳孔呈灰白色，无光。

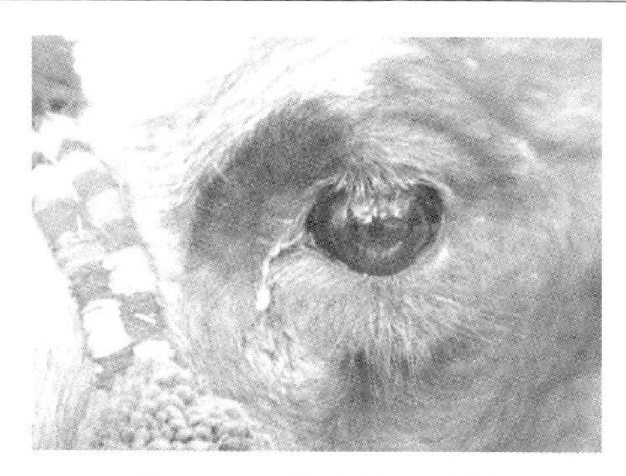

图 2-10　成年驼眼光反射

## 五、通过毛色光泽度分析骆驼的年龄

1~2 岁的驼羔绒毛细、柔软，纤维长。细绒驼羔，像一个绒球，非常美观（图 2-11）。3 岁驼羔体格高长，腿长腰细。4~7 岁骆驼的毛色光亮，纤维长，有弹力（图 2-12）。8~12 岁骆驼绒毛逐渐变粗，泛白色。13 岁后的骆驼绒毛逐渐无光泽，粗短，欠弹力（图 2-13）。

图 2-11　驼羔绒毛状态

图 2-12　7 岁驼绒毛状态

图 2-13　衰老驼绒毛状态

# 第三章　骆驼的驯养和放牧管理

骆驼是从羔期（2~3 岁）就开始驯养的，先训练牵拉顺从、背部搭驮物品，然后训练驮物、骑乘的顺从习性，为拉车、耕作等役用培训良好的习性。

骆驼训练阶段主要是在哺乳期，驼羔哺乳期不怕人，常到人面前要吃的东西，与人结下了友谊。这时驼羔力气小，不反抗。训练主要靠食物诱导，让它做每个动作，并逐渐顺从（图 3-1）。吃惯料的成年驼，只要看到给它喂料，就跑过来卧倒在拿料人面前，挡住不让走，让人给它喂料。骆驼的每个习性，全是从幼时训出来的。只要从小训练好习惯，长大后会一直顺从役用，一般不会反抗主人。

**图 3-1　大群骆驼的驯养与管理**

近些年来，骆驼进入了旅游业，这就对驯养者提出很高的要求。训练骆驼卧、跳、走几步停下来等一些基本动作来吸引游客，也是为了便于管理。没有经过训练的骆驼，很害怕人，成年驼力气很大，一旦发脾气，会用前蹄刨人、后蹄踢人、用高大的身体撞人，很容易就会把人撞倒，人无法靠近它身边。

征服骆驼的一个重要措施是给它穿鼻棍，骆驼没有鼻棍是无法控制和管理的。穿鼻棍是在满 2 岁时。役用骆驼穿上鼻棍后便于牵拉，鼻棍的原料可因地制宜，阿拉善地区多数用红柳或腊木杆等制作。取一根带叉的红柳棍，削成尖状，然后将削成直径 1.5cm 的圆形细棍，在距尖顶端 3～4cm 处刻一道小槽，便于拴系缰绳，也不易滑脱。

穿鼻棍在每年 10 月以后或者是翌年立春前进行。穿孔的位置是在骆驼鼻上缘正中 1cm 处（这个部位有一小撮旋毛），用小尖刀或大号套管针穿 1 个贯面的孔，然后插入做好的鼻棍。穿孔的位置必须要适中，位置靠前，很容易把鼻孔拉破，以后无法穿孔。如过于靠后，由于神经分布较少，很难控制骆驼的行动。鼻棍穿妥后，在尖端小槽处套上直径为 3～4cm 铜钱样式鼻棍环。鼻棍环用塑料制成，做好后，用开水煮热后变软，有拉力、有弹性，套上去，冷却后变硬，恢复原状。在鼻棍环的内侧拴上缰绳就可以牵拉。初穿鼻棍的骆驼，必须再给戴上笼头才能牵拉，防止拉破鼻孔。等到穿刺的鼻孔伤完全长好，再用鼻棍绳牵拉，骆驼就习惯了。

## 第一节　育成驼的科学饲养管理

### 一、育成驼的年龄段与特点

幼驼断奶到 4 岁是发育最重要的时期，骆驼在这个年龄段合

群性很强，很少单独乱跑，在放牧游走时总是随群行走，互相追逐、玩耍。育成公驼望见母驼就一拥追赶欺压，追逐玩耍，但是不会远离驼群。

育成驼要在夏秋季抓好膘情，在冬春季保存好膘情，体质才能保持健壮（图 3-2）。为了达到成年期的驮运、骑乘、产羔、配种等各种用途的顺从，牧民们在这个龄段的驯养时，总结出有效措施。根据用途的需要，分别进行饲喂与驯养，培育出适用的成年驼。

**图 3-2　育成驼**

育成驼的特点是生长期易上膘，行动利索，合群，不易丢失，采食速度快，采食量小。多是边玩耍、边采食。喜欢吃植物嫩枝与叶子。

## 二、育成驼的科学管理

根据养驼户的条件，如果饲养群数量多，育成驼就需要单独组建群，与繁殖驼群分群管理，一方面不会欺负小母驼，另一方面能够安心采食，便于加强营养。在水草丰富的草场放牧，有利于单独管理及训练。在驯养期间，经常要 11～13 个连起来走成一行，进行驼队的排练。训练完后，把缰绳拴到前大腿上，让其自由地分散开在草场采食。有时把两只前腿绊起来，让其行走困难，不能远走，便于随时役用。育成期管理得好坏，决定成年驼的体质和性格（表 3-1）。

**表 3-1　骆驼育成期发育情况**

| 编号 | 出生日期 | 毛色 | 上一年产绒量 | 当年产绒量 | 绒等级 | 一等 | 二等 | 上一年 | | |
|---|---|---|---|---|---|---|---|---|---|---|
| | | | | | | | | 身高 | 体长 | 胸围 |
| | | | | | | | | | | |
| | | | | | | | | | | |
| | | | | | | | | | | |
| | | | | | | | | | | |
| | | | | | | | | | | |
| | | | | | | | | | | |

育成驼必须与患病的骆驼远离，疥、瘙、疮等可直接传染靠近的骆驼，这些顽固病一旦被传染上，是很难治疗的，会影响骆驼一生的健康与绒毛的质量及产量。

## 三、种公驼的科学驯养

驼群的品质优劣主要靠种公驼的优良性能。人们常说“公驼好好一坡，母驼好好一窝”。种公驼决定全群骆驼的质量（图 3-3）。优等公驼与一等母驼选交，产的下代基本是遗传公驼优良性的一半，母驼优良性的一半，遗传给下代的是稳定的质量，在草场好的年份有所提高，可以减少母驼的遗传体质缺陷与行为缺陷。优良种公驼的标准是体格大，长相标准，美观，采食量大，上膘快，无疾病，习性好，性欲好，合群性好，绒毛颜色好、质量高（图 3-4）。

图 3-3　公驼的科学驯养

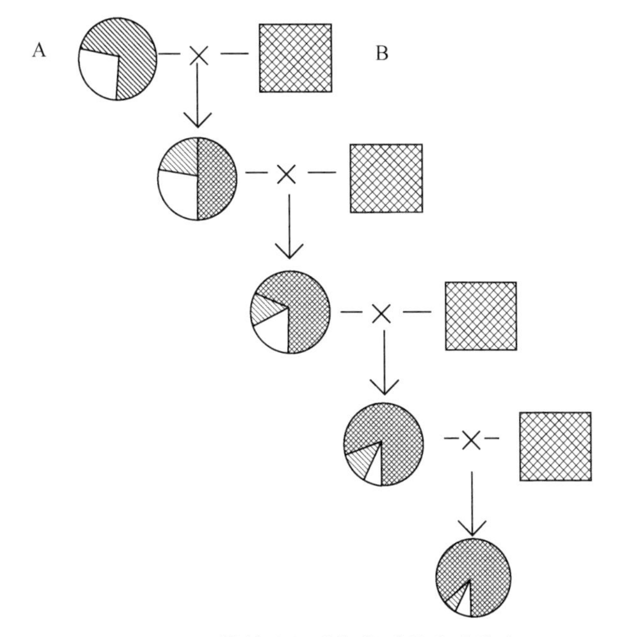


图 3-4　一等繁殖母驼与优质种公驼选交

一等种公驼与一等繁殖母驼选交，遗传给下代驼羔的优良性能随公驼优良性能的 48%左右，随母驼优良性能的 52%左右（图 3–5）。一等种公驼与二等繁殖母驼选配，产的驼羔随公驼优良性能的 51%，随母驼优良性能的 49%左右。一般三等母驼不宜参与繁殖，要保证全群驼的质量，必须培育优良繁殖母驼群，保证下代驼的质量。如果驼群普遍质量差，必须要从别的优质群内调整优良繁殖母驼来提高驼群整体质量。繁殖母驼的优质标准是体大，长相好，腰粗，四腿发达，体重达到本群的标准，毛色好，绒细度在 17.5μm 以下，产绒量高。近几年，为了解决驼绒颜色问题，提高驼绒价格，采取向白色驼发展的措施。目前，白驼绒每千克为 90 多元，黄驼绒每千克为 38 元左右。选择

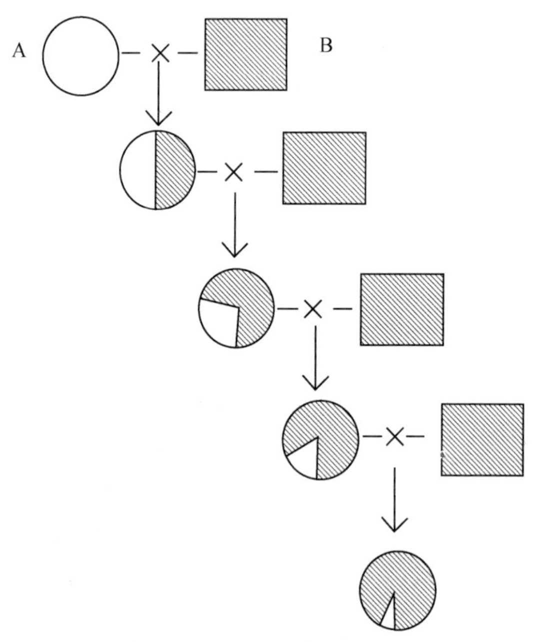


**图 3–5　一等种公驼与一等繁殖母驼选交**

发展价格高的绒驼是提高产值很好的措施。

选种公驼不允许在本驼群选，防止近亲交配，造成下代的退化。骆驼后裔退化的主要因素有近交与缺乏饲草料。近交根据公母驼亲缘系数的远近影响着后代的退化程度。近交系数高，后代体内会形成隐性有害基因，后代体型看不出大的毛病，主要是绒毛退化、多病。更重要的是后代出现显性有害基因，直观可以看出体型小，短毛，多病，严重的出现畸形。

与种公驼选交的繁殖母驼的选择标准更为重要。首先要从优良驼群中挑选。俗话说“母优儿壮”。只有优良繁殖母驼，才能产下优质下代。要挑选体形好、生长发育快、好喂养、毛病少、毛色好、产绒量高的母驼。如果有条件必须要选纯白色驼。要选绒细度 17.5μm 以下、绒纤维长、色泽光亮、弹力强的繁殖母驼。这种驼能给全群下代遗传优良体能，提高绒毛质量。

种公驼的选育时间分为几个阶段，首先选择上一代种公驼的质量标准和母系族的历史必须清晰，例如，是什么等级品种的后代，有无近亲交配史。一旦选入繁育群，就要按繁育驼管理培育。初选后就应该加强喂养（图 3-6）。

**图 3-6　种公驼**

根据种公驼育成期的特点，必须要加强管理。种公驼由于数量少，往往会忽视对其的单独管理和驯养。混群管理影响种公驼的个性，更会影响其发育。育成公驼的组建群是把选好的 2 岁公驼要单独放养，冬季要给足够的优质饲草料，特别是草场差的年份，公驼到 3 岁就必须单独管理。分群时间多数在秋季。育成公驼单独组群的优点是有利于繁殖母驼群的管理和配种。育成公驼不分群，在母驼发情阶段，育成公驼像发疯似的追逐母驼，在休息时欺压母驼，影响母驼采食和休息，甚至造成怀孕驼的流产。育成公驼单独组群，减轻母驼群管理上的麻烦，提高了保胎接羔率。现在骆驼群很小，每个群多至 100 多头，少至几十头。要把繁殖母驼群远离育成公驼群，将育成公驼严格管理，放在牧草较好的草场，有人跟群放牧，控制远行。如果育成公驼数量少，就和育成骟驼（去势后的骆驼）放在一起（图 3-7）。放牧管理的目的是能够同时训练小公驼自由采食习惯，也能减少互相争抢母驼、互相追逐、打架，伤害对方。育成驼在发情期 1~2 个月的时间采食量少、饮水也少，严重影响育成期的成长，这就是公驼体格没有骟驼大的主要原因。

**图 3-7　骟驼组群**

为了保证育成公驼采食，由老骟驼带领，只要看不到母驼，育成公驼就会安心采食。

老骟驼多数不是集群采食，易单独行走，而育成公驼愿意随老骟驼行走，由老骟驼带领育成公驼在草场四处周游采食。这样采食群体数量少，避免了相互打架的现象。骟驼群易分散采食，不受限制，可以提高个体采食量。这种驼群要限制采食范围，不能远走，每天晚上要赶到指定的地方，不然就会走到很远的地方，骆驼行走几十千米是很容易的。每天归牧后，就要拴住领头的老骟驼，防止在夜间带领育成公驼走丢。与育成公驼一起拴系的老骟驼，绳子要拴系在腿上，禁止在鼻棍上拴系缰绳，防止育成公驼欺压骟驼时把鼻棍打断或把鼻孔扯通。老骟驼拴系时必须和育成公驼离有一定距离，互相太近会造成打架（图 3-8）。在配种期间，育成公驼群要远离发情母驼群，特别是在配种季节，在草场不能与发情母驼相遇，只要见到发情母驼就很难分隔开来，就是暂时分开，它也能设法找到。育成驼行走很快，1h 可以跑十几千米。在这种情况下对育成公驼的体能消耗最大，会影响育成公驼的体质。

**图 3-8　骆驼在打架**

育成公驼发情期相互追逐玩耍，口吐泡沫，水分消耗量增大，所以在这个时期要保证饮水。饮水时要让其缓慢进行，不要驱赶、恐吓，不然会造成饮水不足，或者造成呛水，骆驼虽然是大食量动物，但在饮水期间很容易呛水，造成生病，严重者会被呛死。初饮过水的骆驼要缓慢驱赶，让其自由行走。鞭打、冲击奔跑容易伤胃，影响上膘，伤了胃，逐渐会掉膘。育成公驼和老骟驼组群初期很难管理，不习惯在一起走，分头去采食，时间久了就会相随行走。随着时间的延长，小公驼逐渐习惯了老骟驼的行走规律，就适应了和骟驼群一起出入行走。育成驼跟顺了群，就减少了管理上的麻烦，到 4 岁以后，就完全适应了这些管理方式，跟随出入、跟随采食、跟随归圈。

育成公驼在饲养过程中发育得好坏，决定终身的质量。如果是把哺乳期的小公驼培育成种公驼，必须要给泌乳母驼增加精饲料，让母驼提高泌乳能力。哺乳公驼羔的母驼在哺乳期尽可能少挤奶。草场不好的年份，最好不挤奶，给驼羔留有足够的奶水，驼羔才能发育好。另外，驼羔哺乳时间必须要达到 16 个月以上，只有这样才能不影响驼羔的生长。

留为种公驼的驼羔，在断奶时特别要注意，要给予配合优质精细饲料，耐心地训练吃料。初喂时每次要少喂，1d 可喂 3 次。每次喂六成饱，就是每次喂完了还要找料吃，这样公驼羔每次都非常喜欢吃料。一次料吃得过多，公驼羔就会厌料，这种饲料以后不愿意再吃，只能换其他料，给喂养带来很大麻烦，而且会严重影响公驼羔的发育（图 3–9）。

选为种公驼，在断奶期间，注意观察其体质发育状况，如果出现退化，不肯吃饲料，影响了发育，就不能留成种公驼，只能改为骟驼准备役用，以后进入骟驼群培育（表 3–2）。

图 3-9　育成期公驼

表 3-2　骟驼历年产绒状况登记

| 编号 | 名字 | 绒产量 | 1 岁 | | | 2 岁 | | | 3 岁 | | |
|---|---|---|---|---|---|---|---|---|---|---|---|
| | | | 一等 | 二等 | 三等 | 一等 | 二等 | 三等 | 一等 | 二等 | 三等 |
| | | | | | | | | | | | |
| | | | | | | | | | | | |
| | | | | | | | | | | | |
| | | | | | | | | | | | |
| | | | | | | | | | | | |
| | | | | | | | | | | | |
| | | | | | | | | | | | |

种公驼要通过 3 次挑选合格后才能作为种公驼使用。第三次挑选时，通过观察，满 4 岁时体格已经成长成熟，体形、毛色、产绒量基本稳定。如果达到种公驼的标准，就确定为种公驼培育（表 3-3）。如果不合格，在春季或者秋季，去势后以役用驼培

育。这种骟驼叫锤骟，多数性格暴躁，雄性不减，具有公驼的性格，很难驯服与管理，经常追撵母驼，欺压其他骆驼。

**表 3-3 种公驼育成期状况登记**

| 编号 | 名字 | 龄段 | 毛色 | 身高 | 体长 | 胸围 | 管围 | 产绒量 | 绒细度 | 体重 | 备注 |
|---|---|---|---|---|---|---|---|---|---|---|---|
| | | | | | | | | | | | |
| | | | | | | | | | | | |
| | | | | | | | | | | | |
| | | | | | | | | | | | |
| | | | | | | | | | | | |
| | | | | | | | | | | | |

一旦选为育成公驼，必须要加强管理，训练单独管理习惯。不然会影响其采食、上膘。特别是在夏秋季，种公驼必须要抓好膘情，到翌年 1 月配种时才能使用。

种公驼膘情过差，经常会出现配种困难，使母驼出现空怀现象。骆驼群内出现了空怀母驼，会影响一年的产羔，直接影响发展数量。

种公驼配种前的饲养很重要。在配种季节到来之前，公驼的性欲行为逐渐显现，雄性状态明显表现出来。见人就打呼噜，喷出白色泡沫，脖子升高，尾巴撒了尿后在臀部上拍打，看上去很雄壮、威风。严寒的冬季，尾巴和臀部会冻成冰（图 3-10）。在这个时期很少吃草喝水，全靠体内储存下的脂肪来维持，体质消耗非常快，如果是秋季没有抓好膘，配种时表现体瘦、精神萎靡，有的甚至远离驼群只顾采食，就会耽误配种。

为了保证配种任务的顺利完成，普遍在 10 月底开始给种公

**图 3-10　初冬的种公驼**

驼补饲。根据年龄和当年种公驼膘情进行。膘情在七成以下的驼要提高补饲量。膘情在八成以上可以在 11 月中旬补饲。根据当地饲料资源状况，一般补给优良干草 3～5kg，优质混合精料 2～3kg，并且要补锁阳 2kg，提高种公驼性欲。

骆驼配种应该在上午进行。晚上归圈时，将种公驼分开管理，要重视补饲饮水，补饲量按每 100kg 体重每天补优质干草 0.6～1.2kg，有条件补多汁饲料 1.2kg，适量给混合精料，并加适量食盐及钙、磷。配种次数每天不得超过两次。次数过多，公驼很快降低了性欲，影响以后的配种。配种结束后，种公驼乏瘦、体弱、精神萎靡、驼峰倒下，因此，必须及时补充精饲料（图 3-11）。体质恢复到一定程度，可以放入母驼群和大群母驼一起行走，更能使种公驼体格健壮。晚上归圈，单独给公驼补喂精料和饲草。这样公驼的情绪稳定，恢复更快。

图 3-11　配种后期老公驼

## 第二节　繁殖母驼的管理

从断奶到 4 岁，是母驼生长发育最好的时期。这个龄段的青年驼合群性很好。这个龄段期的母驼羔很少单独分群乱跑，与母系族群体组成群采食，相互不远走，经常相互咬压，互相追逐、玩耍。育成期小母驼采食速度快，行走敏捷，采食量并不大，只是哺乳母驼的 65%，在较好的草场可以很快吃饱后，闲走游戏。为了便于管理、拴系、牵拉、骑驮、配种，产羔母驼从小必须要驯服。每年都要专门驯养一段时间。成年母驼在空怀的时间可以进行役用。准备骑乘、驮货物、拉车等役用的母驼，在初冬要进行吊水 3~5d，不然蹄掌会磨穿。

### 一、育成母驼的放牧管理

育成母驼多数不单独组群，全是和大母驼混合放养。这个龄段母驼羔在管理过程中不用过多照顾，以母系族为群体，跟随母驼群游走采食。

放牧期间，防止发情育成母驼欺压其他怀羔母驼，造成流产和破坏其他空怀母驼自然发情。晚间归圈后要和种公驼分开拴系，防止育成母驼早配，提前受胎。母驼羔2岁发情很明显，其表现是爬跨母驼、骟驼，或拦截公驼，在公驼前边卧下，等待公驼交配。提早受胎产羔的育成驼会影响其发育。受胎后，大量的营养供给胎羔。进入哺乳期，主要的营养用于泌乳，影响了自身的生长和上膘。早产的母驼体格小，胎羔发育差，产下的驼羔弱小，成活率低，管理困难。弱体羔因营养不良、体型小，难管理，降低了驼群的整体质量。

## 二、育成母驼的过渡期管理

育成母驼发育慢于公驼，母驼采食量小于公驼，母驼2岁时，腿长、腰细，身高是同龄公驼的90%，身长是同龄公驼的82%，胸围是同龄公驼的80%。

育成母驼在哺乳期和断奶期管理比较简单，和繁殖母驼一起饲养就完全可以。到了驯服时期，要注意的是培育良好的习性（图3-12）。

图3-12　育成母驼的过渡期管理

在牧草稀薄的草场，只有习惯在植被低小、稀薄的草地采食，才能生存下来。骆驼从幼时起，就习惯在这类草场采食。另外，在降水量较低、分布又不均匀的地区（有的地区年降水量只有 40mm，有的地区年降水量只有 60mm，年降水量低于 100mm 的草场占 60%以上），草场多为丘陵、戈壁，这些草场生长的植被多为植物低、枝干硬的木质性牧草，生存在这里的牲畜必须要适应这类牧草。

育成母驼还要适应干旱地区的气候。在春季温暖、夏季酷热、秋季凉爽、冬季严寒的地区，这种气候给牲畜带来很大灾难。地区降水季节是在每年的 7 月初至 8 月底。由于降水迟，当年生植物生长得很少，生长期比较短，株高不够。降水量在地区间分布很不均匀，牧草的品种也不相同，分片草场的牧草品种各异。牲畜就必须要对牧草有适应性，有的地区以红柳、白刺为主要牧草，有的地区是梭梭林，有的是沙漠地区的沙蒿、柠条、沙拐枣等。各种地区的骆驼毛色、体型不尽相同。研究发现，植物品种与骆驼的毛色有很大关系，采食习性也有所区别。在当年生植物建群中培育的骆驼，到了戈壁多年生植物稀薄的地区，不愿意停留，多寻找软草采食（图 3-13）。

**图 3-13　骆驼草场采食**

培育繁殖母驼的跟群习惯很重要（图3-14）。骆驼善游牧采食，特别是干旱年，1d可以走几十千米，寻找牧草和水源，骆驼成群游走。但是，有的母驼喜欢单独行走，经常带领一部分驼羔，特别是母系族的群体，10~20头一起走丢。有的春季走出，冬季才能回来。畜群内有单独行走的母驼很不安全，常会把母系族一部分骆驼带走、丢失。在幼期养成不合群习惯的骆驼，只能提前淘汰。

**图3-14　繁殖母驼群**

历年来，骆驼的生长靠自然形成，由于游牧管理，母驼形成自行采食习性，每天可以走30~40千米。现在草场已经承包给个人，有的灌木区划为公益林区，全部用网、围栏圈起，骆驼只能在特定的草场放牧，所以必须驯服骆驼习性，控制远走，只能在指定的草场采食，不能侵犯其他草场。

繁殖母驼的挑选是非常重要的，俗话说“母壮儿肥”，只有优良的繁殖母驼，才能产下优质驼羔。

繁殖母驼的挑选分几个步骤。根据驼群的发展数量，确定什么样的母驼可以产羔和遗传下一代驼羔的标准。如果母驼产下的驼羔达不到所需要标准，那么这样的母驼就不能作为繁殖母驼。

一旦产下劣质驼羔，就会影响全群质量。只有挑选优质母驼与优良种公驼交配，才能保证下一代遗传到优良性能。

繁殖母驼从优良母系族的群体中预选。

第一，挑选母驼。体质好，毛色、绒细度合格，奶水旺，口壮、采食好，无病，合群性好（母驼不合群带领驼羔散游，驼羔也会养成不合群的习惯）。

第二，在断奶后的饲喂时期观察驼羔的采食情况，体格发育必须要正常。

第三，在配种期，母驼体格、毛色、绒细度达到群内的标准才能进行配种。不合格的母驼育肥后按肉驼提前出栏。

## 三、怀孕母驼的管理

怀孕期母驼的饲养很重要，母驼怀孕后采食量增加，消化代谢提升，很多母驼在初受胎时不仅要承担胎羔需要的营养，还要承担哺乳期驼羔的营养，因此，必须要给怀羔又哺乳的母驼加倍营养。夏季，这类驼单独组群，在附近牧草茂盛的草场放牧。需要让这类驼少跑动，留出充足的采食时间，同时让哺乳驼羔能采上优质的牧草，逐渐减少母乳哺育，尽快断奶，这样既能留给胎羔足够的营养，也能减轻母驼缺乏营养的压力，让母驼在怀孕期保持健壮的体质。以放牧饲养为主、饲喂为辅的骆驼，只要有好的草场，补喂量很少。如果草场退化严重，牧草过于稀薄，骆驼采食困难，就要给孕驼补喂适量精料。根据草场与母驼膘情补喂2~3kg混合精料。

骆驼在大旱年，常出现体格瘦弱、早上自己站不起来的现象，这种情况易发生流产。很多牧民把冻死或者压死的羊肉用锅熬成烂肉稀汤，晾冷后给乏驼灌服效果非常好，灌服几次骆驼就可以站起来。没有死羊肉，可以给骆驼灌服骨头汤、米汤、面汤或淘米水等。

怀孕驼的管理是不容轻视的工作，尤其是母驼怀孕的前6~7个月，往往由于受到惊吓、拥挤、击打头部和腹部出现流产。公驼的爬跨、异常的声音、收毛后受冰雹和风雨的刺激、冬季空腹大量饮水都会引起孕驼子宫强烈收缩，造成流产。为了做好保胎工作，对受胎14d初孕母驼要及早进行仔细观察，特别是4~6岁的母驼，经常因为好动、喜欢蹦跳，易出现流产（图3-15）。

图 3-15　空怀母驼

怀孕的骆驼必须减轻役用量，一般驯养的母驼孕后15d可以轻微役用，役用时间不宜过长，不宜过累。夏季不能空腹役用。怀孕5个月时役用不能连续2周；怀孕6个月后，只能短暂役用；怀孕9个月后，必须停止役用，在采食期间必须能够自由活动。初产羔的母驼在临产期，会突然离群，寻找生产地点，好像怕人看到，发现人来就站起来走开。这类产羔驼临产期要用缰绳拴系，也可关进驼圈，做好接羔准备工作。

有的牧民把怀孕母驼的管理总结为“临产期严管理，接羔时进入圈”（表3-3）。

表 3-3 繁殖母驼受胎时间及预产期记录

| 编号 | 名字 | 配种日期 | 预产时间 | 选配种公驼 | | | | | 实际产期 |
|---|---|---|---|---|---|---|---|---|---|
| | | | | 年龄 | 毛色 | 产绒量 | 绒细度 | 等级 | |
| | | | | | | | | | |
| | | | | | | | | | |
| | | | | | | | | | |
| | | | | | | | | | |
| | | | | | | | | | |
| | | | | | | | | | |

## 四、带羔母驼的饲养管理

大多数带羔母驼责任心很强，因守羔而不会远离，不时通过叫声与驼羔互相呼应。母驼离开驼羔不安心采食，走不远就返回小驼羔面前吻舔。这种情况的母驼采食受到很大影响。在哺乳期间，母驼会很快消瘦。带羔母驼的饲养质量关系到两代驼的体质，所以在哺乳期间每天给母驼饲喂优质牧草 5~7kg、混合精料 2~4kg，并且添加适量的食盐和钙、磷。在春季，要补喂胡萝卜等多汁饲料，调解消化功能，增加泌乳量。产羔母驼每天要保持饮 1 次水。如遇到风雨严寒天气，要在弱体母驼的脊背上搭一片厚毡，预防受寒、生病，影响泌乳。产羔一个半月后，气候好时，可让母驼带领驼羔在附近采食、游玩，晚间归圈后要把驼羔另拴或者单独圈起来，防止夜晚母驼带领驼羔远走。母驼产羔后 1 个月左右就可以收剪母驼鬃毛、嗉毛和肘毛，减轻骆驼的负担。春季肘毛、嗉毛容易粘上柴草渣，使骆驼行走不便。剪掉嗉毛，也使骆驼感到凉爽。母驼毛要比骟驼毛晚收半个月左右，收毛时应先收四腿、颈部和两侧绒毛，背部绒毛等到农历小暑前收

取（表 3-4）。

表 3-4　母驼历年产绒情况登记

| 编号 | 年岁 | 产绒量 | 绒色 | 一等 | 二等 | 三等 | 体质状况 | | | | |
|---|---|---|---|---|---|---|---|---|---|---|---|
| | | | | | | | 身高 | 体长 | 胸围 | 管围 | 体重 |
| | | | | | | | | | | | |
| | | | | | | | | | | | |
| | | | | | | | | | | | |
| | | | | | | | | | | | |
| | | | | | | | | | | | |
| | | | | | | | | | | | |
| | | | | | | | | | | | |
| | | | | | | | | | | | |
| | | | | | | | | | | | |

把带羔母驼在冬春季选放在背风、向阳、水源近、牧草丰富的草场。在天气转热前换草场，天热时不宜移场。

## 第三节　育成役用骆驼的培育

役用骆驼应为成年骟驼。所产的公驼羔除选留为种公驼外，其余都要去势管理，作为役用骆驼。役用骆驼的数量和繁殖母驼相等。这样大数量的驼群是养驼业主要的经济资源。养驼的主要收入来源是绒毛收益。骆驼产绒量最高就是成年骟驼。骟驼之所以产绒量高是体大、产绒面积大，体重 500kg 的骟驼，可产绒 3. 5kg。体重 300kg 的母驼，产绒量 2. 3kg（图 3-16、表 3-5）。

**表 3-5　驼群产绒量登记**

| 编号 | 日期 | 龄段 | 名字 | 绒产量 | 绒等级 | | | 产肘毛 | 毛色 |
|---|---|---|---|---|---|---|---|---|---|
| | | | | | 一等 | 二等 | 三等 | | |
| | | | | | | | | | |
| | | | | | | | | | |
| | | | | | | | | | |
| | | | | | | | | | |
| | | | | | | | | | |

**图 3-16　剪毛**

骟驼的产肉量大，7 岁骟驼与同龄母驼相比，骟驼胴体重为 600kg，母驼为 410kg。

骟驼的役用范围广，因驮运作用被称为“沙漠之舟”。古老的丝绸之路就是驼队踏出来的。骆驼历来是沙漠地区主要的运输工具。驼队全以骟驼组成。骟驼另一个用途就是骑乘，在荒漠辽阔的地区和交通不发达的偏远地区，路途以沙地、丘陵、戈壁为主，原来很少有路，只有骆驼能够穿越。戈壁放牧时，远程驮水

全靠骆驼。在荒漠草原，放牧移场等生产、生活中，骆驼是不可缺少的交通工具。

骆驼是有多项作用的一种家畜，除了上述作用外，又是很好的肉食资源牲畜。骆驼体格大，产肉多，一头 7~8 岁的大骟驼，可产肉 200~300kg。骆驼肉块大，瘦肉厚，属性温，是著名的菜肴原料。

役用骆驼的新作用是随着人们的需求而产生的。随着时代的发展和科学的进步，交通工具飞速发展，骆驼从运输、骑乘、耕作的劳役中退役，现在转向旅游业。以观赏、游玩、沙漠探险为作用进入新的产业化范畴。这样就给骆驼培育提出了新的要求。骟驼的驯育是当前养驼的主要任务。只有驯养得好，才能提高价格。

## 一、役用骆驼幼期驯养

役用骆驼需要体格大、健壮、长相美观、顺从、口壮、毛病少、好喂养。要达到这么多的优良性能，在幼期就需要挑选和加强驯养。役用骆驼的顺从性训练很重要。未经驯养的骆驼暴性很强，再加上它体大、力气大，如果不通过驯服，是无法管理和使用的。在驼羔哺育期，人要经常与其接触，通过协助哺乳、喂料，从小就和人产生感情。驯服动物主要的方法是以食诱导，让其听从人的摆布，并从小养成习惯（用缰绳拴，按时间哺乳，人到它身边不踢、不跳，自己愿意到人前要食物）。为旅游业而进行的训练就要让驼羔做一些简单动作，如卧下、走三步停下、走五步停下、走几步返回来等，驼羔做完动作就给吃一些食物。通过训练的骆驼很温顺。

驮运、骑乘、作役用的骆驼，从断奶后到 3 岁，全要通过训练才能服从人的使用。

骆驼是一种庞大的动物，力大无比，为了能够驯服，古人们在其小的时候就穿鼻棍，便于征服。骆驼需要用鼻棍牵拉才能顺从（图3-17）。役用骆驼穿上鼻棍后就开始训练驮物，从小经常给背上驮一些毡或者其他物品，让其适应骑乘、驮物，即使不到役用龄段也要每年春季体弱期训练1~2个月，直到其习惯为止。农田耕用、骑乘用骆驼都需要通过训练才能使用。

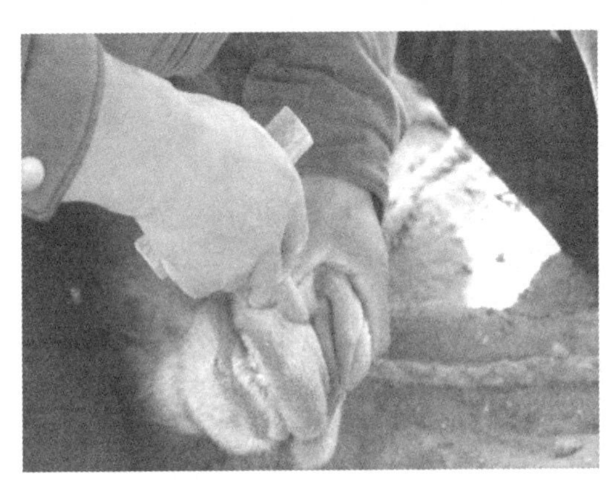

**图3-17　给骆驼穿鼻棍**

## 二、役用骆驼的养护

役用骆驼在使用期间必须要进行精心养护，才能使骆驼保持健康。合理饲喂骆驼是保护骆驼的有效措施。骆驼是一种大食量家畜，成年驼1次可采食干草20~26kg，饮水14~16kg。这样大的食量，如果不能合理管理，很容易造成饮食不当而引起生病。骆驼是一种耐饥渴的动物，平常2d不进水草也可以役用，但是通过几天的饥渴再给骆驼补食、饮水，必须要按规律进行，不然骆驼会生病。骆驼已几天未饮饲，第一次喂草先少给一些（3~5kg），吃完反刍后再加喂一些，喂到五六成饱就可以了。第二天再增加草料。这样喂法不会伤食，空腹过几天的骆驼一次性喂

得过多，就会出现伤食，发生胃炎，产生消化不良，食欲逐渐减退，体质消瘦，很难胜任役用工作，出现这种情况一年内很难恢复。

骆驼役用完必须先喂草后饮水，严禁空腹饮水，空腹饮水后容易发生疾病。饮水不当，骆驼会出现皮肤瘙痒病，到早春提前脱毛，全身瘙痒，病驼在木桩、山崖、墙头蹭痒，也会传染给其他骆驼。

役用骆驼每年11月至12月初进行“吊水”（图3-18）。在此期间多数不去强力使用，每天只喂少量饲草，6~7d不给饮水。“吊水”停止时，先适当饲喂少量草，2h后给饮水。第一次只给水4~6kg，再适量饲喂草，4h后再给水1次，逐渐适量增加，3~4d恢复正常。

役用骆驼通过“吊水”，增加耐渴性。通过“吊水”的骆驼，2d不饮水，不影响役用。役用骆驼的耐饥、耐渴适宜远途运输。穿越沙漠，途中就是没有喂饮的条件，可以穿越。

**图3-18　“吊水”**

通过“吊水”的骆驼，另一个作用是让骆驼硬蹄掌增厚，走石头路不容易磨穿。如果每年“吊水”时间短，走山路多，蹄掌磨穿后行走困难，并会引起蹄掌发炎。

### 三、骆驼的役用期管理

骆驼是一种食草家畜，在役用期间必须注意对其的管理。骆驼采食量大，每天必须给留有足够的采食时间。在戈壁荒漠草原驮运货物时，骆驼采食很困难，多数是白天走路，晚上放骆驼采食，每天 4 时多搭垛子开始赶路，到 15 时多卸垛子休息。骆驼在 6 时以前饮水，到 24 时休息，这样给骆驼充足的采食和休息时间。常年搞运输的驼队必须是这个规律，才能保持役用骆驼的健壮体格（表 3-6）。

表 3-6　役用驼育成期历年发育状况登记

| 编号 | 日期 | 1 岁 | | | 2 岁 | | | 3 岁 | | | 4 岁 | | |
|---|---|---|---|---|---|---|---|---|---|---|---|---|---|
| | | 身高 | 体长 | 胸围 | 身高 | 体长 | 胸围 | 身高 | 体长 | 胸围 | 身高 | 体长 | 胸围 |
| | | | | | | | | | | | | | |
| | | | | | | | | | | | | | |
| | | | | | | | | | | | | | |
| | | | | | | | | | | | | | |
| | | | | | | | | | | | | | |

## 第四节　育成骆驼的放牧管理

骆驼是在荒漠区域培育起来的适应本地区生长的畜种，其能够充分利用干旱荒漠草场的牧草。利用放牧管理可以使骆驼具有独特的生物学特征。骆驼的优势是耐寒、耐旱、抗风沙能力强、耐粗放、适应性强、抗病力强。骆驼数量随气候变化对草场的影响而变化。骆驼的繁殖率低，1 年受灾需 5 年补回，所以发展骆

驼养殖就必须保护好草原，有足够的牧草资源，才有驯养骆驼条件。在长期与大自然的斗争中，牧民们积累了丰富的经验。通过退牧还草、休牧等有效措施使草场得到保护和恢复。即使是在纯牧区，由于草场缘故，马、牛、绵羊也基本退出天然草原而进行舍饲。目前，只有骆驼和部分品种山羊能够坚持放养。

草畜矛盾成为生态治理的一大问题。生态式管理是当前生态牧业伦理范畴的一门现代科学。其中有牧草资源、保种、产品开发、效益几个环节的理论载体。管理要服从自然规律、生态规律、经济规律，背离这一原理，就会走向相反的一面。20 世纪 60—70 年代，牲畜的发展是头数第一，而骆驼的数量由牧草的好坏决定，连年干旱，牧草质量差，骆驼数量会减少，而且骆驼品系会出现明显退化，出现体格小、产绒量低的现象。

## 第五节 骆驼的采食规律

骆驼的适应性是与长期生存在荒漠草原分不开的。这一原生态品种，饱经着气候寒暑变化大，夏热、秋凉、冬寒，风多雨少，“十年九旱”的环境练就了骆驼耐寒、耐旱、抗风沙、耐贫瘠性能。骆驼的采食规律很特殊，能够根据草场植物品种，四季分别采食不同牧草。骆驼四季采食的植物主要分布在干旱荒漠草场。这类草地多为丘陵、沙地、戈壁、沙漠地等。“十年九旱”的气候，植被为灌木、半灌木、小灌木，木质坚硬，叶小、具刺、根深、耐寒的特殊植物品种。根据牧草四季的生长规律，骆驼有很强的选择采食性。在连续干旱年，骆驼仍能保持较强的采食能力。

骆驼春季喜食的植物是返青比较早的牧草。在荒漠草场大部分地区有白刺、梭梭、合头藜、珍珠、柠条、花棒、霸王、沙拐枣、木蓼等以枝条供食。这些植物在农历春分季节枝条返青、变柔软，牲畜采食后，体内碳水化合物含量高、新陈代谢快。

夏季骆驼喜食的是返青早的植物，沙地以沙葱、石葱、白刺、沙枴枣、花棒枝条等牧草为主，在草场比较好的区域选用多汁牧草。

秋季骆驼喜食的牧草比较丰富。进入秋季牧草品种比较多，当年生牧草已经长高。骆驼喜食细嫩枝叶，这类植物柔软、多汁、适口。也有很多品种的多年生植物，如籽蒿、牛尾蒿、木蓼、花棒等优质牧草，特别是采食一些带籽植物，能使牲畜上膘快。

冬季骆驼喜食的是干枯后颜色变黄的干草。这种草消除了水分中的苦味和毒性。这类牧草主要有红砂、合头藜、珍珠、梭梭、白刺、盐爪爪、沙竹叶、芨芨草、芦草、针茅、籽蒿、冷蒿、猪尾蒿等多种植物。

骆驼在春、夏、秋三季采青草时，如果单一植物采食过多，很容易造成中毒。沙蒿、锁阳是热性植物，天热时骆驼太饥，吃得过多会引起中毒，主要症状为流泪、闭目、咬牙、无精打采，严重时卧地不起。预防的方法是晚间凉爽后采食或饮足够的水，避免引起中毒。采食了锁阳的骆驼中毒后，灌服适量的清火药或者是骑行使骆驼出汗可以缓解症状。骆驼长期食干草，第一次食了大量嫩芦草、沙竹，易中毒，主要症状为腹胀，半日后出现腹泻。梭梭返青长出三节幼枝，如果是不习惯的骆驼采食后引起腹胀。霸王返青到 5 月后，骆驼采食后容易引起腹泻。为了防止牧草中毒，引起骆驼腹胀、腹泻及其他疾病，要控制牲畜的不合理采食行为，预防中毒。

# 第六节　骆驼放养的分季管理

高寒地区的草场经过漫长的冬季和早春对枯草的采食与风沙吹打，细枝基本掉光，这也是这类地区的植物具有粗枝老茎的缘故。春季草场植物覆盖度低，在牲畜聚集地的处所，被牲畜踩踏得看不到活草。只有在偏远的草场还剩余一些粗枝低小的茎秆，可供适应采食的牲畜短时间食用。牲畜采食只是啃食粗枝，有的连根拔掉，这就是草场严重退化的主要原因之一。

## 一、寒区、旱区的气候特点

阿拉善地区早春的荒漠草原，天气逐渐转暖，但是受西伯利亚寒流的影响，经常寒热交替，气候多变。由于受地理条件的限制，春季扬尘频繁。在受自然条件限制的地区，春季降水量少，冬、春、初夏多半年的时间是全年降水量的 30%，很多丘陵、戈壁，沙质地草场全年降水量不足 100mm。这些地区植物的共性是叶小、粗秆、木质硬、水分少、具刺，多为针叶，叶面有薄膜，水分不易蒸发。这样的草场给治理荒漠造成很大困难。近 30 年来，在降水量较好的地区，通过飞机播种效果非常明显，但是年降水量低于 100mm 的地区，不具备飞机播种条件，植物成活率很低。对于不具备飞机播种条件的草场只能控制放牧，让草场自然恢复。根据近几年的退牧还草保护措施，效果明显。在这些草场，植物在春季返青生长期不被牲畜啃食，夏季可以长得旺盛、开花，秋季结籽，植物具有很大的生长空间。春季牲畜吃掉 1kg 幼苗，秋季就会少 100kg 草。植被覆盖度过低，遮盖不住地面，必然造成扬尘频繁，加快了草场的荒漠化，限制了牲畜的发展。在风沙草地，沙多、降水量少、土壤盐碱含量高的地区，牧草以盐碱性为主，制约着食草牲畜的发展。

草场多变的气候严重影响牧草的生长规律，给植物生长造成困难。骆驼长期生存在荒漠草原，经过较长的枯草采食时间，练就了在严寒的冬季和风沙气候下生存的能力（图 3-19）。因气候的影响采食时间短。遇到连年干旱，骆驼数量迅速下降。即使是在纯牧区，受自然条件的限制，也只能靠天养畜。连续几年降水量大，植物会很快恢复，畜牧业发展也快。连年干旱，植被退化，牲畜数量就会减少。历年来，旱灾给牲畜带来灾害的教训证明，只有保护好草原植被，才有发展骆驼养殖的可能（图 3-20、图 3-21）。

**图 3-19　冬季驼群**

**图 3-20　深秋草场**

图 3-21　骆驼群

## 二、骆驼的生产特点

骆驼养殖，在春季剪绒毛、接驼羔，既有经济收入，又增加骆驼的数量。

春季养骆驼的牧民，利用多种科学管理措施，降低全群骆驼整体掉膘速度。采取科学方法，达到全配满怀，做好接羔、保羔工作，有计划地适时做好绒毛收取工作。

春季放牧要禁止去毒草区。干旱地区醉马草、变异黄芪、小花棘豆、中麻黄等毒草到处都有，不严加控制牲畜，会造成巨大损失。这些毒草返青早，抗旱性能强。特别是中麻黄，大量的麻黄碱集中在枝条上，易引起牲畜中毒。到秋季大量的麻黄碱被存入根部，枝条毒性降低，可供家畜采食。放牧时必须避开毒草。

春季草场植被干枯稀薄，牲畜采食困难，牧草营养价值低，这时放牧要躲避毒草区。近几年来，牧民们在 4 月中旬至 6 月底，集中铲除毒草。已食入毒草的骆驼，必须饮足水。在放牧期间，早出晚归，晚归时有意让骆驼快走或者跑几步，让其出汗，促进骆驼消化，更能使骆驼提前掉毛。根据养骆驼牧民的经验，骆驼春季有汗是健康的象征。出汗可以排毒、缓解中毒病症，春季没有汗是有隐性病的症状。近些年来，牧民们对喜食毒草的骆驼给予厌食疗法，控制骆驼自己不去吃毒草。

## 第七节　骆驼养殖中的防疫工作

每年必须做好骆驼养殖中的防疫工作。在干旱荒漠地区，春季气候干燥，常出现春寒，冷热反复，扬尘频繁，牧草返青晚。骆驼在这种条件下，由于被毛脱尽，抵抗能力减弱。有的因为体膘消瘦过快，春季体弱，老毛脱不下来，进入夏季，天气炎热，易患热症，出现肠胃炎、眼结膜炎、皮肤病、寄生虫病等。

有经验的牧民为了确保骆驼的健康并提高其生产能力，一方面改变自然草场环境，采取转换草场，调换饲草品种，让骆驼多食去火植物；另一方面采取清热解毒等防疫工作。每年春季给骆驼驱虫、清火、清除肠胃积食，提高消化机能，增加食欲，促进体弱骆驼恢复体力，利于夏秋季抓膘和保胎。每年在春季和夏初时，给骆驼灌服大黄汤（用大黄、砖茶、白糖进行清火减毒），根据不同龄段和性别分别灌服不同量的药液。一般用量为种公驼、骟驼灌服大黄 0.3kg、茶 0.3kg，成年母驼灌服大黄 0.2kg、茶 0.3kg，2 岁以下骆驼减半灌服。

也可以使用绿豆汤、植物油和其他泻火剂、健胃剂等。对体弱、因哺乳驼羔缺乏营养的骆驼，必须要灌服清热药剂和健胃药剂，增加其代谢能力。

灌药时，必须让骆驼卧定，将鼻棍缰绳提高后，一人抓住骆驼耳朵向后拉头，另一人一手从口角塞进装入药液的瓶子，瓶底抬高药液自然流入骆驼口中。

防治硬蜱。硬蜱是寄生在牲畜体外的一种寄生虫，主要寄生在骆驼毛短皮薄的四腿内侧、乳房、前胸等部位。严重时在腹

部、颈部、肩部出现。体况较好的骆驼由于膘情好，皮肤层光滑，硬蜱容易抖落。体壮骆驼休息时间短，卧地时间少，喜跑跳，硬蜱不容易爬到身上。但是2岁以下的哺乳母驼和驼羔硬蜱寄生较多。硬蜱寄生严重时会影响骆驼休息与采食。为了减少硬蜱寄生，应根据季节及时搬迁骆驼休息处所，同时定期涂擦药物消灭。涂擦的药物常用3%~5%来苏尔溶液、3%~5%煤焦油皂液、1%~7%碘酒、1%百敌克等。初生驼羔绒毛柔软、皮嫩，寄生部位可不使用药物擦拭，用手取下硬蜱后消灭。

# 第四章　骆驼的习癖及其矫正措施

## 第一节　拴绳癖及其矫正措施

役用骆驼过于疲乏，不愿前进，骆驼设法逃避役用，让拴系自己的缰绳脱离。这类骆驼行为不及时纠正，会养成习癖。

矫正措施是将骆驼的缰绳上附加一根细铁丝，如骆驼仍不前进，可使骆驼的前身向右或向左侧移动后，突然诱导向前边行走，或者是让后退几步，再用食物诱导向前牵行。

骆驼的拴绳癖很容易形成，其记忆力很强，只要形成了习惯就不会忘记，每到劳累就不想继续行走，用这种方法对付人类。不及时矫正无法继续役用。

## 第二节　前刨后踢癖及其矫正措施

骆驼前刨后踢癖，产生根源多数是受恐惧采取本能的过激行为，或者是抗拒人在其身边操作，猛然给人回击。主要行为是人在其身边操作，习癖驼用前蹄猛然刨打人，令人防不胜防，把人打伤。人不要轻易到骆驼的后边，很多骆驼有后踢习癖，骆驼的后腿很有力，随便踢出就会把人踢倒。

矫正措施是预见骆驼要刨踢时，立即给予警告信号。严厉呵斥，严加惩戒。出现前刨立即让其前腿跪地，前躯低于后躯，使全身重量落于前躯。这种措施对有前刨后踢癖的骆驼很有效果。

## 第三节　抗癖及其矫正措施

骆驼的抗癖是因其所驮物品左右不平衡，感觉不舒适或痛苦，或者是所驮物品重量过大，产生抗拒情绪。主要行为是在捆载货物时，骆驼会突然站起，把货物抛掉后疯狂奔跳。

矫正措施是正确估算载驼的承载量，出现问题要及时纠正。在行走途中骆驼出现抗癖时，应立即停止前行，让其跪下来，根据情况适当减负或整理驮鞍后再行走。

## 第四节　咬癖及其矫正措施

骆驼产生咬畜、咬人、咬仔的行为是经常出现的，尤其是公驼每到发情时，为了发泄性欲，常出现乱咬人的行为。

矫正措施是出现有咬癖行为的骆驼，可让其戴上用铁丝做成的笼头，这样做既不影响骆驼采食，又使骆驼不能张嘴咬人。

## 第五节　恐惧癖及其矫正措施

骆驼虽然是庞然大物，但是胆量很小。途中偶遇异常物类或声音，会使骆驼大惊失措。猛然躲闪或向前奔跑、乱跳，日久成性。

患有恐惧癖的骆驼，禁以暴力鞭打，以免使其更加恐惧。要用温和的态度对待这类骆驼，让其情绪稳定后，进行役用。可以将骆驼牵到有其恐惧的声音或物体前，让其逐渐适应。有些骆驼怕汽车，可以将其牵到汽车边让其逐渐习惯。如作军用乘驼，要到射击场地或演习场附近，使其听惯枪炮声，适应战斗动作和场面，并训练操作规律。训练旅游用的观赏驼，必须要适应人多，并且顺从多种动作的指挥。

## 第六节　喷沫癖及其矫正措施

骆驼有喷沫的习性，有时会将正在反刍的草沫全喷出来，味道非常难闻。骆驼出现喷沫行为多数是抗拒生人接近。有时是抵抗骑手不正确的摆布或者是役者不合理的操作，突然向人喷出大量草沫。有喷沫癖的骆驼见人接近就会喷沫。

矫正措施是用精神矫正方法效果最好。驯养骆驼人平时接近特别要注意态度温和，亲善靠近。骆驼的畏惧感一旦消失，其喷沫癖自然会改正。对于无法控制的骆驼，必要时还可以给其戴上笼头，也可以戴上料袋，防止喷沫。

## 第七节　跪状癖及其矫正措施

骆驼的跪状行为多出现在骑乘的调教时，在调教将要结束时，受调骆驼因困乏，突然跪卧不起，表示出消极情绪和抗拒行为。这种行为出现，必须设法让其站起，不然就会留下跪状癖。

矫正措施是采用正确方法适度调教，随时留意骆驼状态和行为，其出现跪状行为时设法让其站起。

## 第八节　狂奔癖及其矫正措施

骆驼是一种非常古怪的家畜。驯服的骆驼非常温和善良，用一根细绳可以牵走。如果调驯有误，留有狂奔癖，骆驼一旦受惊可以把人撞倒，甚至把墙撞塌。主要行为是猛然一反常态，撒蹄狂奔，经常出现踩伤人畜的情况。尤其是夜间，因受大风或其他声响刺激，有狂奔癖的骆驼会随机骚动乱群，四处狂奔，撒腿跑

出 3~4km，很难控制，或者在役用中，突然受惊挣脱缰绳，甩掉所驮的货物逃奔。对这种骆驼特别注意有声音或异物出现，人要高声吆喝几声，解除骆驼的惊恐。

对易受惊、有狂奔癖的骆驼，在放牧或夜间休息时，将其双前蹄绊住。其缰绳和鼻棍要拴牢固，不给其任何狂奔机会。这类骆驼多体质健壮、性格急躁，不愿意让人靠近跟前。如发现有奔跑迹象，要及时制止，不然一次比一次严重。骆驼出现惊恐症状，看到什么都害怕，要等其沉静后再加以安抚，解除其恐惧心理，使其逐渐好转。

## 第九节　仰癖及其矫正措施

骆驼是一种非常通人性的家畜，在运动中常因抗拒骑手，不愿继续前进，将头突然仰起，头颈左摇右摆，这种习癖多为控拽缰绳不当，引起骆驼抗拒。

矫正措施是放松缰绳矫正，把缰绳向前甩，催赶前进。

## 第十节　啃物癖及其矫正措施

啃物癖多出现在切齿不正常时。

矫正措施除吆喝限制外，可以给其较硬的植物秸秆任其啃嚼。

# 第五章　荒漠地域的生态环境与牧草利用

人类生产活动对区域生态系统的影响，不仅涉及当代人的生存环境，还涉及子孙后代的生存资源。生态的过量承载就是预支子孙后代维系生存的自然资源，是以牺牲环境与资源为代价的行为。区域生态系统过度利用会对人类后代发展造成严重危机，包括环境污染、生态破坏、资源匮乏等。人类赖以生存的自然环境与生态系统出现安全危机，人类受到严重的环境安全、生物安全与生态系统安全的威胁。因此，人们必须保持清醒的认识，采用多方面措施去维护生态环境，防止环境问题的出现及其危害。这一课题包括为保护生态环境采取的政治、法律、经济、行政、教育等多个学科的各项技术手段。发展骆驼产业要以保护草原植被、培育骆驼喜食牧草为实责，掌握区域植种生长规律，保护与栽培防风固沙植物，为骆驼产业化发展创造更好的条件。

## 第一节　荒漠地区植物的特性

### 一、豆科牧草生长寿命

紫花苜蓿寿命为 5~6 年；红豆草寿命为 3~5 年；沙打旺寿命为 4~5 年；花棒寿命为 7~9 年。

### 二、禾本科牧草生长寿命

牧草、羊草寿命为 10～18 年；披碱草在降水量连续 2 年低于 80mm 条件下自然死亡；垂穗披碱草在降水量连续 2 年低于 80mm 条件下自然死亡；扁穗冰草在降水量连续 2 年低于 80mm 条件下自然死亡；沙生冰草在降水量连续 2 年低于 70mm 条件下自然死亡；蒙古冰草在降水量连续 2 年低于 60mm 条件下自然死亡。

### 三、其他牧草生长寿命

梭梭在降水量连续 3 年低于 40mm 条件下自然死亡；霸王在降水量连续 3 年低于 40mm 条件下自然死亡；阿拉善沙拐枣在降水量连续 2 年低于 50mm 条件下自然死亡；柠条在降水量连续 3 年低于 60mm 条件下自然死亡；沙蒿在降水量连续 2 年低于 50mm 条件下自然死亡。

## 第二节　多年生防风固沙植物及骆驼喜食的牧草分类

### 一、梭梭

#### 1. 形态特征

梭梭是荒漠地区优良的饲用和防风固沙灌木，其寿命可达 50 年左右。该植物含水率占比为 68%，渗透压高。梭梭属超旱生植物，在年降水量 80～150mm、土壤含水率不低于 2%的沙质地区均能正常生长。

**2. 适应性能**

梭梭的嫩枝含盐量高达12%~15%，是典型的积盐植物。梭梭耐沙埋压、喜光、耐严寒及炎热的沙漠气候。喜生长在通风透气良好的沙壤土质。梭梭种子小，寿命短，不宜久存，收种后翌年即用。贮藏2年以上，其发芽率降低30%，第三年降低70%，失去了种植的价值。

**3. 产地**

梭梭分布在我国西部沙漠干旱地带。

**4. 栽培技术**

近些年来，出现大批种植梭梭来防风固沙。原来的梭梭林带是骆驼的主要牧草之一。

人工栽培梭梭应先建立苗圃。苗圃地应选择在盐碱化程度低的沙壤土上，黏土易得根腐病，而且不易抓苗，苗圃地秋季深翻，施足底肥，灌足冬水，经过耙、耱、磙保墒，早春播种。

播种方法是开1.5~2cm的沟，在播种前0.5h将种子用清水浸泡，掺沙撒入沟内，覆土，轻轻磙压保墒，每亩（1亩≈667m$^2$，15亩=1hm$^2$）播种量为2~3kg。

幼苗出土后注意松土锄杂草，一般不浇水。若地墒太差，可以浇水，浇水后松土，防止浇水太多致根腐烂甚至死亡。幼苗出土后植株达到35~50cm时即可挖苗移栽。

移栽适宜在沙地，荒漠区域，固定沙地、半流动沙地。春季移栽时，每株浇半桶水，如果20d内无降水就再浇1次水，成活后可不再浇水。移栽后要进行封育，2年内严禁放牧利用。

梭梭也可以在沙区直播或在退化梭梭草场空苗区补播。但因种子发芽速度快，需要选择在连阴雨天播种，否则很难抓苗。

5. 生态效益与经济效益

梭梭是荒漠地区生长的抗旱性能很强的灌木，是骆驼的优良牧草，羊在早春返青时喜欢采食。在梭梭草场放牧的骆驼个体高大，产绒量、产肉量均比其他草场高10%。梭梭又是很好的防风固沙植物，还是很好的烧火材料。梭梭根部寄生的肉苁蓉是名贵中药材，被誉为“沙漠人参”。梭梭营养成分如表5-1所示。

表5-1　梭梭营养成分

单位：%

| 成分 | 水分 | 粗蛋白质 | 粗脂肪 | 粗纤维 | 无氮浸出物 | 粗灰分 | 钙 | 磷 |
|---|---|---|---|---|---|---|---|---|
| 含量（开花期） | 3.45 | 13.42 | 2.20 | 28.73 | 37.66 | 14.54 | 1.63 | 0.13 |

## 二、柠条

柠条，又名柠条锦鸡儿。

1. 形态

柠条是豆科锦鸡儿，属多年生落叶灌木，根系发达，具根瘤，高1.6~2m，幼枝条有棱，密生细针毛。长枝上的托叶，距间具有坚硬针刺，有小叶12~16片，羽状排列，倒披针形或长圆状披针形，两面密生细毛，花单生，浅黄色，荚果长5~7cm、宽3~4cm，种子肾形，坚硬。

2. 适应性能

柠条耐干旱，喜生沙地或半固定沙丘地、石子地、山坡下。耐寒，不怕沙压和风蚀。在沙质黄土地区以及丘陵沟区的黄土上生长良好。幼苗阶段生长缓慢，经过2~3年生长加快，平茬以后，当年植株可高达1m以上。柠条在年降水量100~150cm的地区可以成活。

### 3. 产地

广泛分布在我国东北、内蒙古、河北、山西、陕西等地。不少地区引种栽培，用以防风固沙，保持水土、并作饲用。

### 4. 栽培技术

柠条栽培一般采用直播，沙漠、丘陵地带一般不用整地，黏壤土地区，则可带状整地，黄土丘陵沟区，多采用小穴种植，播种期春秋季均可，雨季抢墒播种最好，出苗早而整齐，幼苗期一定要封育管理，以防牲畜损害。用耧播种工效很高，每亩播种量为 1~2kg。

为了防止啮齿动物掘食柠条种子，播种前最好进行药物拌种，大面积播种在雨季前用飞机播种效果较好。

### 5. 生态效益与经济效益

柠条含有丰富的蛋白质，但适口性较差。其枝条加工成草粉和颗粒饲料后饲喂效果很好，骆驼在春季采食嫩枝幼叶，夏秋季很少采食，或仅采食花，霜后又开始喜食。柠条丛秋季平茬的枝条是很好的饲草。柠条营养成分如表 5-2 所示。

柠条可以用作防风固沙灌木林带；由于茎有刺，一般牲畜很难通过，柠条也可以用作生物围栏。

**表 5-2 柠条营养成分** 单位:%

| 成分 | 水分 | 粗蛋白质 | 粗脂肪 | 粗纤维 | 无氮浸出物 | 灰分 | 钙 | 磷 |
|---|---|---|---|---|---|---|---|---|
| 含量（风干样） | 14.92 | 22.48 | 4.98 | 27.85 | 22.36 | 7.38 | 0.87 | 0.09 |

## 三、冬青

### 1. 形态特征

冬青是超旱生植物，大多数生长在固定沙漠，沙质地区，在

年降水量达到 80~120mm 的地区可以成活。具有耐旱、耐寒、抗风沙性能强，在严寒的雪地，叶子仍然翠绿。厚厚的叶片表面，被薄膜和蜡层封存，水分不易蒸发，在荒漠地区，是非常好的一种固沙植物。冬青的主要特点是四季常青，不会被任何牲畜采食、破坏。

冬青春季开花很早，其群落金黄的花朵遍野开放，多数生长在丘陵、戈壁、固定沙地，是荒漠地区是重要的防风固沙植物。

**2. 适应性能**

冬青适应在沙漠干旱地区生长，能在贫瘠、荒漠、干旱地区大面积建群，我国西部地区冬季气温-44℃，夏季气温 32℃，夏季地面沙漠表层温度达到 50℃，冬青保持原状，建群在年平均降水量 56~100mm 的地区生存，称“超旱生植物”。

**3. 产地**

冬青多产在我国的西部和西北地区的沙地和沙质丘陵、戈壁、荒漠区域。

**4. 栽培技术**

冬青是野生沙生植物，很少因干旱枯死，干旱区的冬青群落多是自然形成。冬青荚落地，沙尘埋压进入土层经降水后，荚皮腐烂，连年降水量适宜，就会长成冬青幼苗。人工取荚撒播在固定沙地，降水量适宜就会成活。

**5. 生态效益与经济效益**

冬青建群会在荒漠草原，冬青群落和其他植物共生，构成了荒漠草原防风固沙屏障，控制地区地表风蚀，调解土壤结构，增加土层腐殖质，可保持水土，增加植被覆盖度。

## 四、霸王

霸王，又名木霸王。

1. 形态特征

霸王是一种木质性能比较坚硬的野生灌木。多数生长在固定沙地，植物建群之中，生长速度很慢，寿命很长，枝干粗糙，没有细条，当年生长出来的嫩枝，有30%在秋季落叶时一起落地。冬季只有粗糙的枯枝。

2. 适应性能

霸王是一种抗寒、抗旱、耐风沙，适应在贫瘠的沙地生长的野生植物，我国西部生长霸王的区域为冬季-34℃、夏季7月43℃的天气。霸王在年降水量60mm的地区仍能形成植物群。常和白刺、冬青、沙蒿等植物混生，相互保护，组成抵抗风沙的屏障。

3. 产地

在我国的沙质丘陵高原及戈壁地区都有霸王生长。

4. 栽培技术

霸王群种多为天然形成，生长慢，植株形成距离远。多数和其他灌木共生，形成地面覆盖度较密的建群。因生长慢，人工栽培比较困难。霸王的籽实像榆树钱（榆荚），但比榆树钱片大、厚。生长在西部地区的霸王，在7月结荚为绿色，10月成熟，荚色变黄接在枝头，到翌年夏季才能脱落，遇到适宜的降水量，才能生长起来，退化草场首先出现霸王退化。

5. 生态效益与经济效益

霸王建群全为天然形成，霸王生长很慢，植株高150cm左右，株距比较远，和其他植物共同建群。霸王的籽实在株苗上保持时间长，容易采籽。霸王是很好的防风固沙灌木。内蒙古阿拉善盟把霸王列为公益林进行保护。

## 五、白刺

### 1. 形态特征

白刺是有很多品种的灌木丛，各品种的共同特点是固沙性能强，能抗旱、耐严寒、耐炎热、耐盐碱，对土壤条件要求不高，在寒热交替地带都可以生长。白刺的根多、粗大发达，能扎得很深、很远，能够吸收地下深层水分。叶子落到根部，被沙压在下面，给自己提供了腐殖质，成为很好的肥料。长白刺地，开垦种田，土壤肥沃。白刺的枝条被流沙压在土里，变成根，露出的枝头发出了新芽，长成大片白刺丛，可以固定住流沙。风沙被白刺丛阻挡、堆积，逐年埋去了部分枝干，又生长出新条，几十年堆积成 20~30cm 高的白刺沙丘，或者成为白刺梁，即使连年干旱，白刺也不会枯死。白刺的根冬季能吸收地下深层较热的水分，在寒冷的季节深根部位吸收到温水，提高了白刺的抗寒性能。一般形成茂密的白刺堆冻层很薄，早春季节，其他植物还没有发芽，白刺的枝条就开始返青，变得柔软、湿润，羊和骆驼在早春全靠食返青白刺条生存。

在干旱无草年份的春季，白刺条占骆驼日食量的 40%，可以保住其生命。

### 2. 适应性能

白刺原属为果类，粒小，肉味酸甜，无毒，也称“酸榴”，成熟期为 7—8 月，果实粒大多为红色，有少数黄色，成熟季节，密布枝头，多被野生动物食用。这个时间也是采籽季节，采收后的大量鲜果，由于水分大，必须晾干，保存期间防止返潮发霉，影响翌年发芽。

### 3. 产地

白刺是适应性很强的植物，在全国各地均有生长，特别是我国西部地区，荒漠草原 30%~40%的区域靠白刺丛防风固沙。

**4. 栽培技术**

白刺是很容易栽培的蓄根灌木，由枝条靠地面扎根，可以延伸成白刺丛，籽实落地，翌年在白刺丛中长起幼苗，增加了白刺丛的密度，也增加了新苗数量。

**5. 生态效益与经济价值**

白刺生长在荒漠地带，特别是沙地和半固定沙地及扬尘频繁的地区，通过风沙堆积，形成了白刺堆，在防风固沙的地区起着重要作用。

白刺条蛋白质含量高，春季返青早。白刺密布草场是草原冬季和春季很好的草场。

## 六、沙蒿

**1. 形态特征**

沙蒿是生长在荒漠干旱区域的半灌木植种，沙蒿多为蓬体，沙蒿的枝干翌年春发出新枝条，梢头的细枝干枯，春雷响后，与籽实一同落在地面，使地面增加杂物，防止地表风蚀，并能改良土壤。

**2. 适应性能**

沙蒿适应生长在固定的沙丘、沙地、沙山边缘和半固定的沙丘西边、北边沙子比较稳定的地段。沙蒿在年降水量 70~120mm 的地区可以生长。

**3. 产地**

沙蒿是适应性很强的超旱生植物，在荒漠沙地，主要以沙蒿建群，或者与其他旱生植物共生。

**4. 栽培技术**

沙蒿生长在松软沙漠土壤，籽实落在沙地，降水量适宜就会长出新苗，在年降水量 100mm 左右的阿拉善地区飞机播撒草种与人工撒播效果非常成功。

**5. 生态效益与经济价值**

沙蒿是荒漠地区主要的防风固沙植种，在降水量较好的年份，生长很快，沙蒿的蓬体大，是很好的抗风沙屏障。沙蒿每年有大批的枯枝脱落，覆盖了地面松散的沙土，防止地表风蚀。沙蒿在冬季带籽实的枝条是羊和骆驼的采食对象，沙蒿籽蕾落地，翌年降水量不适宜发芽，就保存在土里，等到第三年降水量适宜才开始出芽。沙蒿是荒漠地区重要的固沙植物。

## 七、阿拉善沙拐枣

阿拉善沙拐枣，又名桃日勒格。

**1. 形态特征**

阿拉善沙拐枣是高大的灌木，具有强烈耐旱和适应流沙的生态特性，是很有价值的固沙植物，饲用价值也很高。抗寒、抗旱、耐风蚀，不怕沙压。根系发达，主根深 3~6m，水平根可达 20m，侧根多盘结在 1.5m 的沙层内。叶面小，叶退化成线形或鳞状，极适应荒漠干旱气候。根系蘖性强，裸露于地表的根系常萌生许多根分蘖苗。

当年播种的阿拉善沙拐枣出苗快，出苗率高，植株高度可达 15~30cm，到翌年生长速度加快，一般株高可达 80~120cm，种子产量也高。

**2. 适应性能**

植物性特征为灌木，高 1~3m。老枝灰色，当年枝淡灰黄色。瘦果阔卵形或球形，长 2~2.5cm，向右或向左扭曲，具明显棱和沟槽，每棱肋具刺毛 2~3 排，刺毛较长，长于瘦果的宽度，呈叉状 2~3 回分枝，顶叉交织，基部微扁，分离或微结合，果期为 7—8 月。

## 八、沙打旺

沙打旺，又名斜茎黄芪、直立黄芪、条纹黄芪。

### 1. 形态特征

沙打旺为豆科黄芪，属多年生草本植物。株高 1.5~2m。全株密生丁字毛，茎直立或倾斜向上，中空，同时出多个条，主茎不明显，分枝多，一般 10~35 个丛生，主根深，入土约达到 10m 以上，侧根多，主要分布在 20~30cm 的地层内，有大量根瘤，能贮存营养，叶形为奇数羽状复叶，叶长 5~ 15cm，有小叶 7~27 枚，对生，长圆形，具短柄，托叶膜质，卵形，总状花序有小花 17~69 朵，花蓝色、紫色或淡蓝色，蝶形花冠，旗瓣匙形、长 9~18mm、宽 6mm，翼瓣和龙骨瓣短于旗瓣，花萼基部筒状五裂。荚果矩形，长 8~14mm，顶端有微向下弯型的荚果二室，内含种子 10 粒，种子黑褐色，千粒重 18g。

### 2. 适应性能

沙打旺适应性很强，具有耐寒、耐贫瘠、耐盐碱，抗旱和抗风沙的能力。由于沙打旺根系发达，入土深，既能吸收土壤深层水分，又可充分利用耕作层的水分，提高抗旱能力，根据观察，当遇干旱时间较长，苜蓿旱死，而沙打旺仍能正常生长。沙打旺耐瘠薄，根据陕北地区和黑龙江等地栽培的情况介绍，在多数杂草生长不良的瘠薄地上，沙打旺仍生长茂盛，同时固沙能力很强，在播种当年，只要抓住苗，不被风沙压住，就能正常生长。

翌年除流动沙丘外，风刮不走，沙压不住，是改良荒山和固沙的优良植物。沙打旺耐寒性强，在我国北方很多地区播种，当年只要生长出 4~5 片真叶的幼苗，就能忍受-30℃的低温，并且能安全越冬。

沙打旺播种后在土温 10~12℃，经 8~10d 出苗。幼苗在 20~25℃气温下生长最快。在幼苗期生长极为缓慢，平均每天只

长 0.1~0.2cm，长出几片真叶后生长速度加快。翌年至第四年生长旺盛。在生长旺盛季节平均每天株高增长 1cm 左右，最高达 2.2cm。第三年生长最旺盛的，到第四年生长逐渐衰退，第五年衰老，根部腐烂死亡较多。在每年中，5 月上中旬返青后，植株生长较慢，6 月下旬后由于气温增高，降水量增多时生长达到高峰，9 月下旬停止生长。沙打旺生长发育期较长，180~210d，据西北水土保持研究所观察，形成花序需要较高的气温，当气温在 20℃以上形成的花序比较粗壮，长 10~13.5cm，均能开花结实，气温在 18℃以下形成的花序比较细短，长 1.8~3.2cm，在秋季气温逐渐下降的情况下，较短的花序只有 20%开花，但不能形成种子。开花与温度和湿度有密切的关系，湿度高则开花少；湿度低、温度高时，则开花剧增；若日照弱、湿度大，沙打旺营养枝生长旺盛，开花极少，甚至收不到种子。

沙打旺在东北、西北、内蒙古等多数地区，由于无霜期长、温度低，种子不易成熟。

**3. 产地**

沙打旺是亚洲大陆种，温带旱生、中旱生植物。在我国东北、华北、西北、西南等地均有野生种群。生于山坡、沟边和草原平地。在海拔 3 000m 以上的山地也有分布。朝鲜、日本、俄罗斯、蒙古等地区均有分布，广泛作为饲草料和防风固沙植物。我国河南、河北、山东、苏北等地栽培较多，有数百年的栽培历史。近些年来，北京、内蒙古、辽宁、吉林、山西、陕西等地已引种栽培，并成为陕北风沙区、黄土高原丘陵沟壑区飞机播种试验成功的主要草种。沙打旺适应性强、生长快、产量高，是饲用、绿肥、固沙和水土保持的优良草种。

**4. 栽培技术**

沙打旺种子比苜蓿种子还小，播种前整地要细致，以利于种子萌发和抓苗。每亩施农家肥 1 200~ 1 500kg 。在春旱严重的地区，以早春顶凌播种为宜，此时墒情好，易于抓苗。播前要做好种子处理工作，如筛选种子和硬实种子处理。感染菟丝子的地方，要严格清除种子中的菟丝子种子。磷肥对提高沙打旺的产草量和促进种子成熟都有良好的作用，因此，播种时每亩用5kg过磷酸钙拌种作为种肥。一般以条播为宜，行距25~30cm，播后磙压，以免“跑墒”。在沙地可采用撒播，播后覆土。播种量一般每亩1kg左右，土地肥沃，撒播要适当增加量，每亩2~3kg，覆土1.5~3cm。

在苗期要及时中耕锄草，并注意土壤中水分不能过多。土壤水分过多时，容易造成幼苗死亡，应及时排水防涝。在沙质土壤上种植沙打旺，分枝期和每次割后浇水能显著增加产草量。如果作种用，后期要避免水、肥过多，否则造成贪长苗，不易结籽。从翌年起一般每年可刈割2~3次，亩产鲜草1 500~3 000kg。沙打旺因花期长，种子成熟很不一致，并且荚果又容易自行开裂，使种子脱落散失，所以，当茎下部荚果呈棕褐色时及时采种。通常每亩可收15~30kg种子。沙打旺的主要病虫害有根腐病、叶斑病、锈病、白粉病、菌核病和蚜虫病。对于发生锈病者要首先消灭锈病的中间寄主。可用敌锈钠200~250倍稀释液加500g洗衣粉，以增加其黏着力；然后进行喷洒。对菌核病、根腐病除选用抗病品种外，在耕作上要进行深耕翻。在生长季节宜用硫菌灵、多菌灵等内吸杀菌剂进行喷洒防治。发现蚜虫时，可用乐果乳剂喷杀。

**5. 生态效益与经济效益**

沙打旺生长迅速，产量高，有丰富的营养价值。据分析，沙打旺含蛋白质15.01%、粗脂肪2.83%、粗纤维26.4%、可溶性碳水化合物6.63%、氮2.8%、磷0.22%、钾2.53%、钙1.83%、镁0.58%，是骆驼的优良饲草，又是防风固沙与保持水土植物。沙打旺为低毒黄芪属性植物，所含毒素主要为有机硝基

化合物，有苦味，适口性不如苜蓿，因此，最好不要单独作饲料，与其他饲料一起饲喂，骆驼最喜食。

## 第三节　禾本科牧草的生物学特征

### 一、垂穗披碱草

垂穗披碱草，又名弯穗草、钩头草。

#### 1. 形态特征

垂穗披碱草抗寒能力较强，对土壤的适应性也较广。近年来，内蒙古西部草原大面积种植，生长良好，适应本地气候和土壤，并能完全越冬。抗旱性比较好，在降水量 120mm 的区域生长较茂盛。

该草分蘖力强，再生能力很好。在土壤肥沃的地区种植，一般能达 35~50 个分蘖，常常形成大型疏丛型草地。种植当年可以收获少量的种子，翌年返青也早。

该牧草播种的当年生长较慢，3~5 年进入生长旺盛期，产量很高。6 年后产草量逐年下降，到 8 年后应进行补播更新，或者切断根系，在我国北部可作为建立人工草场的优质牧草。

#### 2. 适应性能

垂穗披碱草为禾本科多年生疏丛型草本植物，植株高 50~130cm。根系发达，纤维状。茎秆直立，多数具 3~4 节，基部的节稍呈膝曲状。叶片扁平，长 5~8cm，下面粗糙，上面光滑。叶鞘除基部外，均短于节间。这种植物主要以叶为牧草。垂穗披碱草种子成熟后容易脱落，应于种子成熟达 60%~75% 时，进行收获，以减少种子的损失。种子产量每亩可达 50kg 左右。

穗状花序细长，互相很紧密，小穗排列稍偏于一侧，上部弯曲而下垂。穗轴每节通常有小穗2枚，接近顶端各节具1枚小穗。基部1~3节为不发育小穗。小穗绿色，含3~4花，其中仅2~3花发育。成熟后小穗由绿变紫。颖长圆形。外颖顶端延伸成芒，长短不一，芒粗糙，向外反曲。内稃与外稃等长，先端钝圆或截平，成熟后变为黑色。

### 3. 产地

垂穗披碱草是禾本科披碱草属植物，在我国西北、华北等地区均有分布，在草原中常成片状群落。目前在青海、甘肃、内蒙古等地已成为栽培很广的优良牧草。

### 4. 栽培技术

该草在播种前要进行选种和种子处理。在阿拉善地区多数在谷雨季节，即4月中下旬播种较为适宜。播种量一般每亩1~1.5kg，播种方法多采用条播，行距15~30cm，播深3~4cm，根据土地墒情决定为宜。

垂穗披碱草由于苗期生长较慢，易受杂草危害，所以出苗后要控制杂草。有灌溉条件的地方，在分蘖和拔节期进行灌水，产量能显著提高。

### 5. 生态效益与经济效益

垂穗披碱草产量高，抽穗期收割，草质良好，开花后粗纤维增加，质量下降。适宜晒制青干草或调制青贮饲料。

垂穗披碱草产草量高，营养较好，适于北方推广种植，其营养成分如表5-3所示。

**表5-3　垂穗披碱草营养成分**　　单位:%

| 成分 | 水分 | 粗蛋白质 | 粗脂肪 | 粗纤维 | 无氮浸出物 | 灰分 | 钙 | 磷 |
|---|---|---|---|---|---|---|---|---|
| 含量(抽穗期) | — | 10.21 | 2.53 | 42.61 | 37.02 | 7.45 | 0.25 | 0.18 |
| 含量(开花期) | — | 5.65 | 2.49 | 38.89 | 50.29 | 2.67 | 0.25 | 0.13 |

## 二、披碱草

披碱草，又名沙日。

### 1. 形态特征

披碱草为多年生禾本科牧草，有较多的须根系，大多数集中于18~22cm的土壤中，深者可达1.3m左右。茎秆直立，疏丛状，株高60~160cm，具4~6节，基部节略膝曲，基部2节间距短。上部节间距长。叶片披针形，叶长15~28cm、宽0.6~1.1cm；叶片内卷型，上面粗糙，多为粉绿色，下面光滑；叶鞘光滑包茎，大部超过节间，下部闭合，上部开裂。

穗状花序直立，互相较紧密，长16~22cm，每穗节含有3~4枚小穗，通常为2枚孪生，顶端和基部各具1枚小穗，上部小穗排列严紧，下部的较为松散，每个穗含4~6朵小花。颖披针形，上有短芒。

外稃背部芒粗糙，成熟时向外展开，内稃与外稃几乎等长。颖果长椭圆形，深褐色，千粒重3~4g。

### 2. 适应性能

披碱草适应性强，耐寒、耐碱、抗旱、抗风沙的能力比较强。披碱草的根系发达，可以充分吸收水分，叶子具旱生结构，叶片在干旱阳光强烈的情况下卷成筒状，可以减少水分散失，产生自然抗旱性。在幼苗期抗旱较差。这种草的分蘖节大多分布在地表深3cm处，能够抵抗低温侵袭，适宜荒漠地区栽培。

披碱草有耐碱性能，在潮湿碱地生长良好。披碱草还耐风沙吹打，在多风沙少雨地区能够保苗。本属植物为多年生疏丛型牧草，产草量高。该植物多数分布在海拔较高的地区，对土壤适应性比较广，抗寒能很力强。内蒙古西部很多地区进行对披碱草、肥披碱草及垂穗披碱草的栽培试验，效果很好，是荒漠地区很好的栽培牧草。

这种草早期发育缓慢，播种当年多数只能抽穗开花，结实成熟的很少；翌年才能正常开花结实。披碱草播种后，普遍在10d左右出苗。当形成第三片真叶时，已经普遍分蘖并长出次生根。水分适宜，生长加速。整个分蘖期持续45d左右。分蘖数量一般达25~50个。条件适宜时，分蘖数可超过100个。

**3. 产地**

披碱草广泛分布在我国东北、华北、西北等地区。目前已成为我国栽培很广的重要牧草。

披碱草为禾本科披碱草属植物。本属全世界约有25种，主要分布在北半球温、严寒地带，我国已有8种，其中有2种是特有种，即短芒披碱草和无芒披碱草，多产于四川。

**4. 栽培技术**

秋夏季及时进行耕耙土地，磙压保墒，以减少土壤水分蒸发。利用生荒地播种时，应进行深耕，耕层不浅于20cm。

播种前要施足基肥，播种时可用硫酸铵作种肥。

播种前要注意清选种子，进行种子处理和发芽试验。

披碱草春夏秋都可以播种，在有灌溉条件的土地播种，4月中旬为宜，在天然草场旱播一般在7—8月雨季播种最佳。播种量为每亩2kg，一般采用条播为宜。

当田间播种的该草出苗后，幼苗长出第三片真叶时，披碱草已普遍分蘖。这时要拔杂草，以疏松土壤，在拔节期灌溉，可以促进种子的成熟。

在旱作条件下的披碱草，一年收草1次。生长良好时，也可以割2次，第一次宜在抽穗期，第二次应在冻前20d进行。收割太晚会影响越冬。一般披碱草可利用6~7年，然后可以翻耕重播。

该种草结实性良好，籽实产量高。种子田收割要及时，当有50%左右穗子变黄时，开始收割，不然种子会自然脱落。一般每

亩种子产量在 55kg 左右。

**5. 生态效益与经济效益**

披碱草分蘖多，叶量大，产草量高，营养丰富，抽穗期收割，可以直接饲喂牲畜或调制成青干草，适口性好，马、牛、羊、骆驼都喜食，其营养成分如表 5-4 所示。

**表 5-4　披碱草营养成分**

单位：%

| 成分 | 水分 | 粗蛋白质 | 粗脂肪 | 粗纤维 | 无氮浸出物 | 粗灰分 | 钙 | 磷 |
|---|---|---|---|---|---|---|---|---|
| 含量（抽穗期） | — | 3.22 | 1.70 | 44.66 | 45.82 | 4.61 | 2.49 | 0.25 |
| 含量（开花期） | — | 3.91 | 2.13 | 40.31 | 47.98 | 5.67 | 0.39 | 0.06 |

## 三、羊草

羊草，又名碱草。

**1. 形态特征**

羊草具有非常发达的地下横走根茎，其上有棕褐色、纤维状的叶鞘。根茎上有节、长出横行根，形成强大的须根系，根茎主要分布在 25cm 以内的耕作层，根茎节间长 6~10cm，最短 2~4cm。茎秆单生或呈树丛，直立，无毛。株高 30~90cm，有 4~7 节。叶片长 6~18cm，有叶耳，叶鞘表面光滑，叶舌截平。

穗状花序直立，长 10~16cm，穗轴扁圆形，两侧边缘具纤毛。小穗长 12~18mm，通常孪生，含小花 6~10 朵。颖锥状，偏斜基部裸露。外披针形，边缘膜质，顶端形成芒状的尖头。颖果长圆形，深褐色，长 4~8mm。种子千粒重 1.9g 左右。

**2. 适应性能**

羊草具有发达的根茎，具有较强的抗寒和抗旱能力，适宜在寒冷干燥的地区生长。草地要求排水良好，土壤干燥疏松。不耐水淹，草地长期积水会成片死亡，在年降水量 250mm 的地区生长良好，能安全越冬。该植物耐盐碱化土壤。

该草在播种的当年生长非常缓慢。植株纤细，因土壤具盐碱性，对幼苗生长不利，常出现死苗现象，返青后新苗健壮，生长也较快，在内蒙古西部地区的气候条件下，羊草的生长高峰主要出现在气温高、降水多的6月底至8月。

羊草种子在播种当年绝大部分是秕穗，不能成熟。翌年，种子才能成熟。生育期110～125d，羊草原生长年限很长，在试验场，灌溉条件下种植的羊草，在第三至第五年产草量最高，每亩可产干草约1 200kg。产草量到第六年逐渐下降。

羊草的产种子率很低，一般每亩21kg左右。播种翌年的羊草，在6月底开花，7月中旬开花结束。一般花期16d，花多开在中午。8月底至9月初籽实成熟。

**3. 产地**

我国种植羊草面积较大，在内蒙古、吉林等地有大面积种植。在内蒙古西部有的地区也在试验推广。羊草为禾本科羊草属植物，该属我国有4种，即羊草、窄颖赖草、赖草和天山赖草，分布在我国东北、华北和西北等地区。当前生产中广为栽培的是羊草。

**4. 栽培技术**

羊草对土壤要求很严。耕翻深度为35～40cm，翻后要及时耙平，播种前后要磙压保墒。

羊草的播种时期不仅与种子发芽有直接关系，而且对幼苗死亡率和地上植株、地下根部的生长发育都有明显的影响。在干旱地区，4月底至5月初播种最好，播量以每亩2～3kg为宜。由于羊草的发芽率低，因而所需播种量较大。播种时，多数采用条播为宜，行距20cm左右。收割留茬高度以10～15cm为宜。采收种子在9月中旬最适宜。

种植羊草不需要特殊的田间管理，只要第一年抓好苗，草场

建群极易形成。有灌溉条件的地方，可以进行灌溉、松土和施肥，这样能提高羊草的产量和质量。

**5. 生态效益与经济效益**

羊草适口性强，骆驼和各种家畜都爱吃，适于调制干草，或者配合为颗粒食料使用，也是放牧地的优良牧草，在内蒙古西部地区是很好的混播刈牧兼用牧草，其营养成分如表 5-5 所示。

**表 5-5　羊草营养成分**

单位:%

| 成分 | 水分 | 粗蛋白质 | 粗脂肪 | 粗纤维 | 无氮浸出物 | 灰分 | 钙 | 磷 |
|---|---|---|---|---|---|---|---|---|
| 含量(抽穗期) | — | 14.82 | 2.86 | 41.41 | 34.92 | 5.67 | 0.37 | 0.47 |
| 含量(结实期) | — | 4.97 | 2.96 | 33.55 | 52.05 | 6.45 | 0.62 | 0.16 |

## 四、老芒麦

老芒麦，又名垂穗大麦草。

**1. 形态特征**

老芒麦是多年生疏丛禾本科草，株高 60~140cm。根系多穿插在土层 20cm 左右，非常发达，呈须状。茎秆直立，或基部稍倾斜，粉绿色，通常具有 3~4 节。叶片扁平，长 8~18cm，上面粗糙下面平滑，叶面生长短柔毛。叶梢位于植株下部的长于节初，上部的短于节间。叶舌短，膜质状，无叶耳。

老芒麦穗状花序较疏松，微弯曲下垂向外曲展，长 14~18cm。多数每节有小穗 2 枚，也有出现基部和上部各节仅具一枚小穗。小穗灰绿色及稍带紫色，含 5~6 花。颖狭披针形，粗糙，先端具短芒。外稃顶端延伸成芒，略展开并向外反披。内稃与外稃同样长，先端两裂。颖果长扁圆形，极易脱落。种子千粒重 48g。

2. 适应性能

老芒麦抗寒力强，耐旱力稍差，耐湿，对土壤要求不严，适宜弱酸性或微碱性腐殖质土壤生长，在内蒙古西部生长良好，并能安全越冬，翌年返青较早，是西部地区早春最早见到的绿植物。

该草分蘖力强，播种当年一般有 25~35 个分蘖，还可收获少量种子，老芒麦的再生力强，耐牲畜践踏，适宜放牧利用。多数一年割草 1 次，在气候条件适宜时，也可刈割 2 次，再生草叶量丰富。

该草利用 6~8 年，条件适宜可延长。结实产量较高适宜采种。

3. 产地

老芒麦是禾本科披碱草属植物。我国西北、华北、东北都有分布。近年来，在青海、甘肃、新疆（新疆维吾尔自治区简称）、内蒙古、吉林等地进行栽培，效果很好。

4. 栽培技术

准备播种的地块在秋季深翻土地，施足基肥。春季播种前再次耙平。播后磙压保墒，使种子与潮湿土壤接触宜出苗。有灌溉条件的草地可在播前灌水，灌后开沟播种。土壤墒情良好，可促进种子发芽。

在内蒙古西部地区，一般在 4 月底至 5 月初播种最好。播种量每亩 1.5~2kg。播种方法采用条播，播深 3~4cm，行距 12~26cm。

该草苗期易受杂草危害，必须进行中耕除草。在分蘖和拔节期进行灌溉，能大幅度提高产量。在我国西部地区老芒麦 7 月中旬开花，9 月初种子成熟，可以收获。

5. 生态效益与经济效益

老芒麦叶量大，适期收割可调治良好的青干草。用以作青

贮饲料也很好。它的茎秆虽稍粗硬，骆驼等大小牲畜都喜欢吃。在割草后的留茬地上还可放牧。因此，东北、西北和内蒙古等地不断扩大老芒麦的栽培面积。老芒麦营养成分如表 5-6 所示。

表 5-6　老芒麦营养成分

单位:%

| 成分 | 水分 | 粗蛋白质 | 粗脂肪 | 粗纤维 | 无氮浸出物 | 灰分 | 钙 | 磷 |
|---|---|---|---|---|---|---|---|---|
| 含量（开花期） | 7.65 | 10.27 | 3.94 | 33.53 | 46.11 | 6.15 | — | — |

## 五、蒙古冰草

蒙古冰草，又名沙芦草。

### 1. 形态特征

蒙古冰草为禾本科冰草，属多年生草本植物。须根生长在 25cm 内的土层，非常发达，根生密集，根表层粘有沙套。茎直立，疏丛型，基部稍弯曲。叶片窄披针形，叶片淡绿，叶片常收缩内卷、下披。长 12~22cm，宽 0.3~0.5cm，叶鞘紧包秆茎，多数短于节间。穗状花序，长 8~12cm，宽 4~7mm，每穗有 22~28 个小穗。小穗稀疏，斜上排列于穗轴两侧。每小穗有小花 4~8 枚，通常结种子 2~4 粒，种子千粒重约 2g。

### 2. 适应性能

蒙古冰草耐干旱、寒冷、更耐风沙，在内蒙古西部地区能完全越冬。蒙古冰草为典型的超旱生牧草，其生命力很强，适应性广，耐瘠性强，却不耐夏季高温。

该草下种当年生长缓慢，但根系生长很快，在地面株高仅有 30cm 时，根系可达 80~120cm。播种当年只有少量开花结实，到翌年返青早，结实性好，生育期 110d 左右。

### 3. 产地

蒙古冰草原产于我国北部沙漠以南边缘地带，我国的内蒙古、山西、陕西的北部、甘肃、宁夏等地带均有野生，宁夏盐池县引进，经过几年的试验，生长很好，适合大面积种植。

### 4. 栽培技术

蒙古冰草为荒漠草原和典型草原地带的沙地植被建群植物。耐瘠性强，在荒漠干旱区播种生长很好，一般7—8月趁雨季抢墒播种，在土壤水分适宜下，应尽可能早播，以利幼苗扎根生长。播种量每亩1~2kg，行距30 cm，播深3~4cm，在风沙大及草场退化地区可以不翻耕而直接播种。

### 5. 生态效益与经济效益

蒙古冰草营养成分较高，是荒漠区域优良禾本科牧草之一，其鲜草干草大小畜都喜食，蒙古冰草的刈割宜在抽穗期，建立蒙古冰草打草地。蒙古冰草根系发达，是防风固沙、防止水土流失的良好植物，其营养成分如表5-7所示。

**表5-7 蒙古冰草营养成分** 单位:%

| 成分 | 水分 | 粗蛋白质 | 粗脂肪 | 粗纤维 | 无氮浸出物 | 灰分 | 钙 | 磷 |
|---|---|---|---|---|---|---|---|---|
| 含量(抽穗期) | — | 12.73 | 3.18 | 32.71 | 45.48 | 5.93 | 0.24 | 0.20 |
| 含量(结实期) | — | 9.36 | 2.90 | 32.02 | 49.40 | 6.31 | 0.26 | 0.12 |

## 六、扁穗冰草

扁穗冰草，又名野麦子。

### 1. 形态特征

扁穗冰草为禾本科冰草属的多年生草本植物。属于须根系，密生，根系由渗水黏液形成沙套，根系密如网状，叶与茎秆呈疏丛状，直立或基部微有弯形，株高60~120cm，有时可达1.4m

以上，具3~4节，很多分蘖横走或者下弯入土成根茎，长10~12cm。叶鞘紧紧包茎，边缘粗糙多微具短毛。穗状花序直立，小穗稠密排列成行，整齐，锯齿状，含5~7花。颖舟形，多为二脊也有一脊，外颖具长于颖体之芒。外稃舟形，有短刺毛。

2. 适应性能

扁穗冰草有高度的抗寒性能，适宜在干旱、干燥，寒冷地区栽培，在内蒙古西部草原栽培生长良好，能够安全越冬。对土壤要求不严。不论是沙质或黏质土壤均能生长。耐碱能力较强，不适宜酸性土壤和沼泽地上栽培。

该草是长寿禾本科牧草。分蘖能力较强，在草原试验场种植，当年分蘖达40左右，返青早，一般在4月下旬播种最为适宜。当年播种的扁穗冰草少数植株开花结实。到翌年在4月中旬返青，7月上旬抽穗，9月初籽实成熟。

3. 产地

扁穗冰草是全球温带地区主要的牧草品种。分布在亚洲中部寒冷、干旱草原。我国东北、西北及内蒙古、青海、河北、山西、宁夏等地已有栽培。

4. 栽培技术

播种前应精细平整土地，磙压保墒，每亩播种量1~1.5kg，很多地区采用条播，行距25~30cm。覆土深度3~5cm。

扁穗冰草种子较大，颗粒饱满，发芽率较高，易出苗，并且整齐，由于当年根系不发达，生长缓慢，应加强松土锄草。

该草籽熟后极易脱落，应在初熟期尽早采收。

5. 生态效益与经济效益

扁穗冰草是建立在刈牧兼用型草地的优良牧草，可作青饲料或制成干草，收割时间在始花期为宜。扁穗冰草叶茎柔软，适口性好，各类家畜都喜食。青鲜期时骆驼、牛、马最喜食，其营养成分如表5-8所示。

表 5-8　扁穗冰草营养成分　　单位：%

| 成分 | 水分 | 粗蛋白质 | 粗脂肪 | 粗纤维 | 无氮浸出物 | 灰分 | 钙 | 磷 |
|---|---|---|---|---|---|---|---|---|
| 含量（青干草） | 10.6 | 10.6 | 3.0 | 34.1 | 45.5 | 6.8 | — | — |

## 七、大麦草

大麦草，又名野大麦草。

### 1. 形态特征

野大麦草是多年生疏丛性禾本科牧草。须根纤细稠密，密布土壤 25～40mm 之中，常具短根茎。茎直立，细、柔软，株高 50～95cm，多为 3～5 节。叶细长形，长 6～18cm，宽 0.25～0.6cm，绿色中带有灰色，叶鞘多短于节间。穗状花序棱形，绿色，成熟时微紫色。每节有小穗 3 枚，两侧长有小柄小穗，多为发育不完全，中有小穗无柄，成为完全花。颖呈针状，外稃长有短芒，内稃外稃长短相近。颖果顶端有毛，三角锥状。

### 2. 适应性能

该草是根系发达、能够抗旱的一种优良牧草。抗寒性也很强，大麦草对土壤要求不严，能够耐盐耐碱，也耐土壤瘠薄。

该草返青早，生长快。下种的当年发育较慢，只有个别株苗出穗开花。返青后生长加快，在内蒙古阿拉善地区 4 月 10 日返青，6 月中旬抽穗，7 月初开花，8 月中旬籽实成熟。生长日期为 115～135d，大麦草结实性好，成熟早。成熟后，秸秆干脆，易断穗落粒。

该草分蘖力与再生能力很强。再生草分蘖枝多，叶量大，叶密，株高 22～38cm。

### 3. 产地

该草分布在我国东北、华北、西北等地的低、潮湿、盐碱草

场，在东北的很多区域草原广泛分布，常与其他同类植物混生建群，形成小片的疏丛群落，是一种很好的改造盐碱地的植物群种。近年来，各地对大麦草进行选种培育，效果很好，在吉林、内蒙古、甘肃等地都有栽培经验。

**4. 栽培技术**

夏末初秋均可深翻土地，耙平，施足基肥。翌年春季播种前再进行整地。磙压、保持土壤墒情。

播种前种子应进行晾晒处理和筛选，内蒙古西部在4月下旬至5月初播种最为适宜。播种量每亩1～1.5kg，播种深度2～4cm。多为条播，行距20～30cm，旱情严重地区播种后需磙压保墒。

播种的当年应锄草，加强管理，禁止牲畜采食践踏。有灌溉条件的地区还应浇水、施肥。收割时到抽穗期最佳。留茬高度5～8cm，采收种子应在种子成熟70%时进行为宜。

**5. 生态效益与经济效益**

大麦草营养丰富，叶量高，分蘖力强，茎、叶柔软，适口性好，骆驼及其他各类家畜都喜食。

该草根茎全耐践踏，适应内蒙古西部低温盐碱地建立刈牧草地。其营养成分如表5-9所示。

**表5-9　大麦草营养成分**　　单位:%

| 成分 | 水分 | 粗蛋白质 | 粗脂肪 | 粗纤维 | 无氮浸出物 | 灰分 | 钙 | 磷 |
|---|---|---|---|---|---|---|---|---|
| 含量（开花期） | 13.5 | 9.66 | 2.44 | 36.26 | 31.00 | 7.14 | — | — |

## 八、紫野麦草

紫野麦草，又名紫大麦。

1. 形态特征

紫野麦草为多年生植物。秆丛疏，一般地区栽培的株高70~90cm，茎秆直立。叶3~5片，叶长4~12cm，宽0.2~0.5cm，扁平形。花穗长4~6cm，弯曲，绿色微紫，中部发育的小穗颖为刺毛状，直观粗糙。外稃披针形，长0.4~0.6cm，芒长0.3~0.4cm。

2. 适应性能

野生紫野麦草多数生长在湿润的冲积沙地小块草坪、冲刷沟边等，经过多年的人工栽培，具有很强的耐旱能力。其根系发达，生长第一年根系入土深达14.6cm左右，随墒情延伸。2~3年可深达40~50cm，因而能很好地吸收土壤水分，在没有灌溉条件的地区，仍然获得较高的产量，抗寒性强，冬季气温下降至-30℃左右时，仍能安全越冬。

该草在播种的当年生长速度较快，密丛叶量大，分蘖力强。在有灌溉的条件下栽培，当年就可分蘖18~26个，在缺乏灌溉条件下当年也可分蘖14~16个。分蘖的多少与水分条件、土壤疏松程度和土壤肥料有密切关系。

紫野麦草在荒漠地区，多数在4月中下旬播种比较适宜。土壤温度达到5℃以上时，有利于植物种子萌发，播种期间地温、气温越高，植物出苗时间越短，地表温度越低出苗越慢。

当年播种的紫野麦草小苗生长较慢，到拔节期生长速度加快，当年株高达72~85cm，有灌溉条件的产量每亩可收鲜草1 403kg，折合干草为每亩560kg；翌年收鲜草2 920kg，折合干草743kg；第三年收鲜草1 787kg，折合干草871.5kg；第四年收鲜草1 117.5kg，折合干草473.6kg。该草第三年为产草量最高期，到第五年开始产量逐年下降。

该牧草各年的种子产量也在70kg左右，紫野麦草结实性较好，其种子容易脱落，便于收打。

紫野麦草分蘖力和再生性能强，7 月至 8 月初收割后，进入 9 月底植株停止增长，株高可达 40cm 左右，可在荒漠地区建立人工混播草场，是刈牧兼用的优良牧草品种。

**3. 产地**

紫野麦草是禾本科多年生植物。在我国的东北、西北等地均有分布，内蒙古西部荒漠地区在 20 世纪 70 年代开始对野生紫野麦草进行栽培。

**4. 栽培技术**

紫野麦草对土壤要求并不很严，在沙质地轻度盐碱的壤土均可种植。土地选好后，播种的前一年 7—9 月开始耕翻，冬季耙平整，在秋翻时施入基肥，11 月初进行冬灌，春季解冻后及时耙地，磙压、保墒。

播种前要进行选种、晒种，然后对筛选好的种子作发芽试验，测定其发芽率，为确定播种量提供依据。

紫野麦草的播种时间多数要求很严格，一般根据当地的气候、土质条件确定。播种量必须根据生产利用目的与生物学特性去确定，若以收种子为目的，播种量要少，因为该草种子成熟时易于脱落，翌年又可繁殖，形成次生植被。随着年代的增加，密度也越来越大，造成地块板结而加速退化，如果以产草为目的，播种量可适当增加。

紫野麦草的播种深度对出苗整齐和提高产量有重要作用。播种面积大时要采用条播，行距 35 ~ 35cm，播种深度 3 ~ 4. 5cm。播种量每亩 1. 5 ~ 2. 5kg，播后磙压保墒。

紫野麦草在荒漠地区播种后，多数经 9d 左右即可出苗，因在幼苗期生长缓慢，在苗期至抽穗前进行中耕锄草。在干旱区域应分别于 6 月中旬至 7 月初浇水，并且进行施肥，以提高产草量。

种子成熟时收割，收割留茬高度 4. 5cm 左右，收割后再浇 1 次水，给再生草的生长创造条件，再生草的收割时间在 9 月底进行，留茬高度 6.5~7cm，以利于越冬和翌年再生。

**5. 生态效益与经济效益**

紫野麦草叶量大，但茎秆比较细软，适口性好，骆驼与其他各种食草家畜常年喜食，适宜调制干草，可刈牧兼用。紫野麦草是湿润沙地和轻度盐碱壤土上建立人工草地和放牧草场的优质牧草，其营养成分如表 5-10 所示。

**表 5-10　紫野麦草营养成分**　　单位：%

| 成分 | 水分 | 粗蛋白质 | 粗脂肪 | 粗纤维 | 无氮浸出物 | 灰分 | 钙 | 磷 |
|---|---|---|---|---|---|---|---|---|
| 含量（抽穗期） | 7.60 | 14.13 | 2.71 | 30.60 | 43.38 | 9.62 | — | — |

## 九、黑麦草

黑麦草，又名多年生黑麦草。

**1. 形态特征**

黑麦草属多年生禾本科牧草，株高 70~110cm。入土不深的须根非常发达，茎直立、光滑，疏丛状，秆细，稍微扁平，叶片绿色，光滑、有光泽，长 8~18cm，宽 0.3~0.6cm。质地柔软，叶舌小而短，具叶耳，叶鞘和节间相等长、扁平。穗状花序，长 8~18cm，小穗短柄。

穗轴节距长 0.6~1cm，长于下部的长达 2cm，每小穗含 3~11 朵小花，无外颖，顶生小穗有外颖，内颖短于小穗，外稃披针形，上顶端膜质，通常无芒，内稃与外稃相等长，脊上生短细毛，多数为每花序产籽实 90~140 粒，千粒重 1.4g。

**2. 适应性能**

该草喜温与湿润气候，不耐严寒、不耐干热。在北方越冬不稳定。黑麦草只要加强越冬管理措施，是一种很好的牧草。黑麦

草播种的适温地区，当年不能开花结实，翌年再生力强，6月中旬开花，7月中旬籽实成熟，普遍在拔节前收割为宜。生育期95~110d。我国约有4种黑麦草，其中经济价值较高、栽培广的有2种，即多年生黑麦草与多花黑麦草，前者外稃顶端通常无芒，生活年限较长，后者外稃有小细短芒，长约0.6cm，生活年限较短。

**3. 产地**

黑麦草多产于陕西、内蒙古、山西等地。

**4. 栽培技术**

黑麦草种子较小，平镇土地要精细，耕耙，磙压地面平整。

该草在北方有灌溉条件的草场，一般春播最好，到冬季根须发达，宜于越冬。播种方法采用条播，行距20~30cm，每亩播种量1~1.5kg。

在幼苗期必须锄草，具有灌溉条件的草地，在拔节期施肥浇水，可以大幅度提高产量。

黑麦草一年可收割2次，留茬平均高度7~9cm。再生性能强。该草种子成熟后容易落粒。下部叶面变黄，穗出现黄色，立即收割。

**5. 生态效益与经济效益**

黑麦草秸秆柔软，叶量大，适口性好，是骆驼与其他食草家畜喜食的优良牧草。

该草的特点为生长快、分蘖多、再生力强、耐牧性强、耐牲畜践踏，此植物为刈牧兼用牧草，其营养成分如表5-11所示。

**表5-11　黑麦草营养成分**　　单位:%

| 成分 | 水分 | 粗蛋白质 | 粗脂肪 | 粗纤维 | 无氮浸出物 | 灰分 | 钙 | 磷 |
|---|---|---|---|---|---|---|---|---|
| 含量（抽穗期） | — | 10.45 | 3.52 | 27.50 | 19.31 | 9.20 | — | 0.27 |

# 第六章　骆驼产品开发

## 第一节　骆驼产品开发与价值提升

自古以来，骆驼有役用、绒、肉、乳等用途，提供给人类生产、生活资源。由于骆驼数量少，出产在荒漠、偏远、交通不便、经济不发达地区，多种因素造成骆驼产品开发不足，与同类畜产品相比，缺乏市场竞争力。近几年来，骆绒价格每千克仅48元，同类商品山羊绒每千克400元左右。因骆驼绒价格过低，严重影响着骆驼养殖业的发展。骆驼肉属于低脂肪型肉类，中等膘情的双峰骟驼脂肪率在6%左右。骆驼肉质随龄段区分。4~8龄段的骆驼肉质鲜嫩，与4~6岁黄牛肉相似，瘦肉比牛肉层厚、块大，是开发肉食品加工很好的原料。骆驼肉性温，又为瘦型肉，人食后不易沉积脂肪。骆驼原生在遥远的天然草原，肉质属健康食材。

### 一、骆驼产品开发的探讨

驼绒是高档服装原料，与山羊绒相比，驼绒弹力强、纤维长、蓬松、柔软、保温性能好、随体。近几年来，有很多羊绒衫厂的羊绒原料中加入30%优质驼绒，不但降低了成本，增加了保暖性能，同时增加了弹力、蓬松度、柔软度和防潮性。我国相关科研机构在可行性论证后，认为驼绒开发条件成熟。近些年来，有很多纺织企业和驼绒加工企业开发生产出驼绒内衣、马

甲、内裤、被胎等驼绒系列优质产品。由于骆驼培育在荒漠偏远地区，数量较少，人们没有重视骆驼绒毛产品开发。自古以来只是采用原始的初加工方式，制成中低档商品流通或自用，远远没有赶上时代潮流，所以产品价格很低，造成养殖骆驼不挣钱，这就是牧民们不愿意养殖骆驼的主要原因，也是骆驼数量下降的重要因素。但从实际来看，骆驼产品开发前景很好，内蒙古的阿拉善左旗驼中王绒毛制品有限责任公司选用优质驼绒生产畅销的驼绒被胎、驼绒衣胎、裤胎、马甲，选用粗纺驼绒生产针织内裤、背心、围巾、保暖衣等，公司不断发展和壮大。这些产品有耐洗水、无异味并防虫蛀功能，公司选用纤维在 17μm 以下的优质驼绒生产 56 支精纺面料，年产量达到 5 万件驼绒制品，其中 40% 销往日本、俄罗斯、韩国等。精纺驼绒披肩以每克价格约 1.1 元人民币出口，而羊绒制品的出口价每克约 0.8 元人民币。驼绒是稀有和纯天然的环保商品，有很强的国际市场竞争力。驼绒制品的自然优势是轻、柔软、拉力好、防潮、能随体，是很好的高档服装原料，有很大的开发潜力。在一些国外客户建议及我国相关科研机构的可行性论证后，一致认为开发条件成熟。该公司计划开发 36~48 支精纺驼绒雪花呢休闲外衣面料和 62 支精纺驼绒面料，并开发驼羔绒双面绒毯产品，目前该公司年加工羊毛 500t、驼绒 200t。通过进一步提高驼绒产值能够带动骆驼养殖业的发展，从而给骆驼产品生产企业提供更丰富的原料支援。

阿拉善盟制定对驼奶产业的主要工作与措施。以骆驼的稀有产品优势资源转换为经济资源，骆驼产品开发以驼奶产业兼顾高端驼绒开发为动力，促进骆驼保护与发展。围绕提高经济效益，将传统养驼业转变为养奶驼为主。通过改善养殖管理方式，合理调整驼群结构，将阿拉善双峰驼的种群数量稳定发展到 15 万头，其中适龄繁殖母驼比重提高到 40% 以上，控制闲置骟驼养殖周期过长及大龄骆驼数量来减轻草场压力，切实增加养驼牧民的收益。

大力开发骆驼的优势产品，如驼奶、驼绒、驼肉等，产品要上档次，逐渐提升养驼的经济效益，以此带动牧民们的养驼积极性，促进骆驼养殖业的发展。

## 二、文化传承促进骆驼产品开发

### 1. 赛驼文化

赛驼活动是阿拉善地区流传已久的庆丰收节日活动。每到连年降水、草原牧草生长旺盛、牧业喜获丰收之年，阿拉善盟会举行那达慕大会，主要活动有赛驼活动、赛马活动、蒙古式摔跤等多项运动。赛驼有 5 000m 长跑、1 000m 短跑、长距离竞走等多项活动，获奖的骆驼披红戴花，获奖骆驼的主人领取奖金。这个活动传承已久，形成了特有的赛驼文化。

### 2. 有关骆驼的审美文化

有关骆驼的审美文化是人们欣赏和喜爱骆驼所产生的对骆驼体貌、行为、抗灾性能等多方面优点的赞扬。在阿拉善地区通过举行不同形式的比赛，选出优胜者，主人深感自己骆驼的美是本人的荣耀。诸多养驼人认为，培育优良骆驼是养驼过程中首要工作，群内有了超群的优良骆驼，驼群有发展前途，养驼产业才能兴旺，从而形成了有关骆驼的审美文化。

### 3. 骆驼的体型文化

骆驼体型的奇特，自身造就了美的形态。它具有完美的体型，本身就是惹人喜爱和好奇之物。人们在生活中经常以骆驼的相貌打比方（用“骆驼个子”比喻人个子高、用“骆驼的脚”比喻脚大等），骆驼的很多优良性能被人们赞颂。

### 4. 祭驼文化

阿拉善地区盛行祭驼文化活动，通过祭驼活动，求得翌年驼群更好的发展。祭驼形式很多、内容丰富，每次活动邀请亲友前来参加。蒙古族祭驼习俗来源于原始的游牧民族与草原文化，是

对天、对地、对山神敬畏而自然形成的民间信仰形式。游牧民族在历史的长河中，在长期受自然灾害的威胁和伤害下，产生了对大自然的敬畏和对畜牧业兴旺的祈求。游牧民族在很早以前就自然形成祭驼活动。祭驼形式很多，现在的祭驼活动并不完全是宗教文化活动，很大一部分是已被人性化了的骆驼自身具有的丰富文化内蕴，留给人心灵中不舍得丢弃的隐形恋物。历代保留了祭驼习俗，祭驼分为祭儿驼、祭母驼、祭驼群，形式分庙祭与家祭，时间分儿驼配种期、母驼产羔期、驼群膘肥期。祭儿驼以群内主种公驼为对象，家祭的时间为农历大年三十至正月初一，庙祭是以寺庙为主的集体活动日。祭母驼、祭驼群完全是以牧户的驼群为单位进行。在骆驼神像前摆放煮好的羊肉、奶制品、水果、哈达，主持人朗诵祝词参拜（图 6–1）。

**图 6–1　祭驼仪式**

在庙里祭祀骆驼，在骆驼笼头上拴上念过经的哈达，在骆驼鼻梁到额头上抹上酥油，在骆驼身上洒上白酒与鲜奶，把希望和祝福赋予骆驼，随后唱起赞颂骆驼的《骆驼颂》等地方长调民歌。活动进行完，开始分享摆在骆驼神像前的供品，即使未参加庙祭，也会分到一份供品。

祭驼所表达的内意体现了骆驼文化与现实人们心灵深处对神灵的祈祷、祝愿、佑护的同时，更重要的是对和谐社会与人生理念的表白与塑造。祭驼文化里融渗了十分深远的多民族团结的文化精髓。文化是人类的精神促进剂，人类从理念、精神到行动都受到文化的熏染与激励。这正是国家提出以文化带动经济的具体体现，通过祭驼活动激励广大牧民发展骆驼产业的积极性。

**5. 骆驼的行为文化**

通过人对骆驼的驯养、管理与长期的交往，人性化的骆驼与人产生了深厚的友情，骆驼因温顺、善良的行为受到人们的赞扬。骆驼文化的形成历史悠久，在旧石器时期骆驼文化就流传在游牧民族中间，阴山岩画和阿拉善境内满得拉山岩画说明骆驼很早就是人们心中的偶像。没有文字时期，人们就用图形表示，颂扬骆驼的精神。关于骆驼发展鼎盛时段的记载很少。受阿拉善特殊的地理条件与气候演变对生态系统的影响，骆驼种群的发展是随着草场的好坏而变化的，所以骆驼种群的发展起伏很大。骆驼种群的发展是有规律的，根据气象资料记载推溯，旱灾年基本为“六年一小转，十二年一大转”。旱灾年出现多为连续两年，这样给骆驼种群发展造成很大的困难。远古时期，骆驼多为役用，一半的骆驼在为人类运输、作骑乘、耕作，只有少数骆驼进入繁殖群。不论在哪种条件下，人们对骆驼的行为是认可的，也是历代传承的，代代相传形成了骆驼文化。骆驼的行为文化有多种表现。主人出远门，经常很晚回家，有时黑夜找不到回家的路，骆驼用超人的记忆与嗅觉，把主人安全地驮回家；骆驼以母系族成群远游采食，过几年后，家乡草场好转，母驼带着后代回到家中，仍然可以找到自己的棚圈；常用“骆驼的记忆”比喻人记忆好；有时主人在放牧时摔伤，不能行走，骆驼看着主人就主动卧在主人旁边，让主人爬上驮着回家。自古以来，传颂着很多骆

驼救主的动人故事，流传成了名传千古的骆驼文化。

骆驼文化的体现与人文息息相关，骆驼很通人性，骆驼喜欢听人唱歌，特别是蒙古族的长调，很喜欢听拉着马头琴说好来宝，感情丰富的骆驼，听到凄惨的声音，很容易掉下眼泪。作为骑乘用的骆驼，经常和主人在一起，如果突然很长时间见不到主人，就不肯吃草料、精神萎靡；只要见到主人，就会走到主人身边，吻他的衣服，舔主人的手或脸，像人类对亲友问候似的。主人用手推开，它又凑近吻主人的衣服，像小孩对母亲一样眷恋着主人。

**6. 驼具装饰文化**

驼具装饰文化是游牧民族文化的重要组成部分。驼具流传历史悠久，在清明上河图驼运景象的描绘中，可以清晰地看到当时的驼具较为成熟，鞍、鞯、笼头、驼绳、驼铃、鼻棍、驼绊等上面的装饰图美观，游牧民族以地区特点与民族风俗和宗教信仰的审美思维与艺术表现形式，形成华丽的图案装点在骆驼的鞍、褡裢、鞍骣上面（图 6-2）。基本形成统一的规律，通过各个时期的传承，形成了绚丽的骆驼装饰文化。驼具装饰的款式有地区性与时间性，阴山山脉地带的驼具图案吸收了准格尔游牧民族工艺。祁连山脉驼具图案最早起源于匈奴中期西域艺术 。随着时代的进步和吸收其他地区的先进工艺，驼具装饰工艺在不断提高。

从史料考证，骆驼文化与历代草原游牧民族有千丝万缕的关系。蒙古草原是游牧民族的摇篮。蒙古草原在各个时代，先后被各游牧民族占据。由于时代跨越遥远，种族交替复杂，给考证带来一定困难。各代的畜牧业主要以骆驼、山羊、绵羊为主，骆驼历来是主要畜种与交通工具。驼具制作工艺混合了东西方文化。在各时期的演化过程中，蒙古草原的游牧民族由早期的匈奴、鲜卑、突厥、契丹、蒙古先后拥有匈奴故地，统一为蒙古草原。驼具的使用与款式改进基本统一，形成了驼具装饰文化。

图 6-2　驼具

## 三、骆驼产品开发中科研单位的贡献

**1. 科研单位的基础调研**

内蒙古自治区阿拉善盟畜牧研究所开展荒漠、半荒漠地带骆驼与生态关系机理研究，调查该地区双峰驼产绒性能；此外，还开展双峰驼细管冻精及超数排卵技术研究，指导驼群选育产细绒、纤维长、产绒量高的骆驼。特别是开展白骆驼繁殖调查与白骆驼繁育技术研究，可以解决驼绒的染色难题，更能提高驼绒价格，提高骆驼产品在市场上的竞争力。研究人员建议要因地制宜，根据地区分布品种优势培育细绒型骆驼，为发展骆驼产业起到指导性作用。阿拉善盟左旗生态牧业开发协会在长期的调查研究中编写了《阿拉善盟草场保护与生态牧业管理》，重点介绍双峰驼管理措施，受到阿拉善盟党政领导的赞扬与支持。近日编写了《话说骆驼》，为阿拉善双峰驼产业化发展做出贡献。

**2. 开发驼血多肽，促进骆驼产业的发展**

随着我国科学的飞速发展，骆驼的役用由传统的耕作、骑乘、拉车、驮运等转变为驼血多肽资源的开发与利用。此项目被阿拉善盟科学技术局立为创新科研课题，组建团队进行研发驼血多肽更多产品。

骆驼长期生存在恶劣气候与荒漠干旱环境中，体内具备很强的抗灾、抗病性能。驼血多肽对人体具有很强的抗疲劳、抗衰老、增强免疫力等功效，具有很好的经济效益和社会效益。

利用阿拉善型双峰驼开发的驼血蛋白、多肽、低聚肽等产品对阿拉善发展沙产业具有重大意义，极大地促进了阿拉善骆驼产业的发展。

阿拉善盟科学技术局局长王柱芳指出："驼血多肽产业化关键技术及应用项目，已解决了驼血脱色、去腥两大技术难题，研发出驼血多肽产品，成为我盟第一个科研成果转化为现实生产力的沙产业科研项目，也是我盟政产学研相结合的一个成功典范。”阿拉善盟委、行署特别重视该项目落地后的持续化发展，扶持该企业入驻阿拉善沙产业健康科技园，在土地、税收、融资等方面出台了一系列的优惠政策，吸引更多企业来投资开发项目。

为提升骆驼的自身保护价值，由阿拉善盟科技局牵线，内蒙古东汇生物科技有限公司与中国科学院兰州化学物理研究所合作的产学研项目，已完成驼血多肽关键技术的攻关，开发出具有自主知识产权的集成、分离、精制、脱色、脱腥、干燥等一体的驼血多肽分离制备集成技术。以功能驼血多肽为原料，研制出了功能性驼血多肽咀嚼片配方及系列产品。

## 第二节　驼绒产品开发

阿拉善双峰驼分为粗绒驼与细绒驼两种，产绒细度在17.5μm以下的骆驼称细绒驼，产绒细度在18μm以上的骆驼称粗绒驼，粗绒驼是以产肉为主要用途，细绒驼以产绒为主。但两种驼都有绒肉兼用的作用，两者发展的各自优劣主要区别在价格与收益方面。从现阶段，粗绒驼多于细绒驼。发展细绒驼需要漫长的时间来完成。

驼绒细度不同，用途是不相同的，价格自然也不相同。细驼绒比粗驼绒价格高2~3倍。粗驼绒的用途只是原始时期的手工作业用途，手工打毛线和做被套、毛衣、毛裤、口袋、床单等用品，价格很便宜。

随着纺织轻工业的发展技术不断提高，细驼绒的利用更加广泛，价格逐渐上升。驼绒产品逐渐得到人们的喜爱。细驼绒的产品开发成为纺织、加工企业值得研究开发的项目，根据世界市场的需求信息，有待于开发多项产品（图6-3、图6-4）。

图 6-3　驼绒围巾

图 6-4　驼绒服装

骆驼的肘毛是骆驼绒毛的一种占有很大数量的资源。好的肘毛长达30~40cm，原始的用途只是搓绳、做毛口袋等一些生活用品，现在用来做假发等工艺装饰品的原料，价格超过一般驼绒，如果很好的研究开发其用途，前景会更好。

## 第三节　驼肉产品开发

### 一、驼肉是骆驼的主要产品

驼肉是很广泛的肉食品资源，骆驼的主要产品是肉、绒、毛、皮、奶等。自古以来，养驼地区的人们把驼肉作为主要肉食资源。驼肉的制作方法与牛肉完全相同。与牛肉相比，驼肉瘦肉厚度超过牛肉厚度三倍，瘦肉块比牛肉块大，便于加工和利用。驼肉自身没有膻味、怪味，驼肉和猪肉配合做菜肴，不影响质量，反而味道会更好。

### 二、驼肉的未开发项目

驼肉有很好的开发前景。随着人们生活水平的不断提高，要求的标准逐渐改善，食用以低脂肪、瘦肉型为主的肉食品。驼肉正是瘦肉型类食品，合乎现代人的需求。

近几年来，有很多企业开发了骆驼肉产品。阿拉善盟左旗生态牧业开发协会与内蒙古包尔查风干牛肉厂联合制成“漠舟”牌风干驼肉系列产品。通过在呼和浩特、北京等城市试销，用户反映良好，并且试制了驼肉袋装罐头、香酥驼肉等产品。

驼肉属性温、瘦型肉类品种。根据骆驼的龄段、膘情，分出驼肉的质量与等级。

驼肉在本草纲目中介绍属温性。据民间反映偏微寒。根据现阶段人们食用需求，不宜吃过热食品，不宜过度补营养。现在人

图 6-5　风干驼肉

普遍营养过剩，崇尚减肥。吃了驼肉，人体内不易结存脂肪，很少得脂肪肝、高血压病。驼肉更大的特点是含钙高。

产肉驼龄段在 5~9 岁。最优质的产肉龄段是 5~7 岁。这个龄段的驼肉嫩、鲜、味道好。骆驼还在发育期间，体内脂肪少、瘦肉多。这个龄段的驼肉比牛肉好加工，一等驼肉优于牛肉，是很好的肉食资源。

## 第四节　驼奶产品开发

### 一、驼奶资源

自古以来，骆驼奶是荒漠地区养驼牧民们的主要饮食资源。中央电视台《走遍中国》介绍骆驼奶，“早在公元前 3000 年骆驼就被驯养挤奶”。目前，联合国粮食及农业组织已经在一些国家开始推广骆驼奶。在索马里、肯尼亚等适宜大量饲养骆驼的国家，骆驼奶业已经成为一项前景可观的产业。我国骆驼主要分布在内蒙古、新疆、青海、甘肃等北纬 36°以北地区，有阿拉善双峰驼、新疆双峰驼、苏尼特双峰驼 3 个品种。

驼奶资源要比黄牛奶丰富，黄牛哺乳期是 6~7 个月，骆驼哺乳期是 15~16 个月。黄牛主要挤奶时间在 7—9 月，到断奶期前 2~3 个月泌乳量很少，母牛青草吃好，才是碳水化合物分解最好的时间，泌乳量最强。最好的黄牛每天可挤奶 1~ 2kg。

骆驼的泌乳时间长，挤奶时间多数在秋冬两季，草场好的夏季也可以挤奶。骆驼的泌乳量是由管理及饲料的补喂好坏决定的。冬季多给奶羔母驼饲喂优质饲料，泌乳量就比较大。在冬季吃干草期间，加喂一些多汁饲料，泌乳量更好。有好多驼群为了挤奶，到了春季，给哺乳驼羔加喂饲料，母驼可以继续挤奶，可以延迟到 4 月。普通繁殖母驼在秋季每天可以挤奶 2~3kg，冬季可以挤奶 1~2kg（图 6-6）。

**图 6-6　手工挤奶**

## 二、驼奶的性质

### 1. 驼奶的主要成分

驼奶的主要成分有甘氨酸、亮氨酸、蛋氨酸等。

德国奶制品专家研究表明，骆驼奶可以帮助糖尿病患者减少

对胰岛素的需求，对婴儿也很有益，因为它是一种非过敏的奶，此外，研究还证明骆驼奶对消化道溃疡、高血压等疾病者都有医疗辅助作用。

**2. 驼奶的属性**

骆驼奶的食疗作用在《本草纲目》中记载："驼乳，冷，无毒，补中益气，壮筋骨，令人不饥。"

台湾东森新闻也曾报道过，在北非及阿拉伯国家盛行的骆驼奶不但富含 B 族维生素与维生素 C，铁含量也是牛奶的 10 倍。而且骆驼奶还有益于减缓糖尿病、高血压及心脏病。

**3. 骆驼奶的食疗作用**

《维吾尔医常用药材》记载："驼乳，性味甘醇、无黏胶感、属微辛，大补益气，补五脏七损，强壮筋骨，填精髓，耐饥饿。"

骆驼奶在许多国家已被视为一种不可替代的营养品。在非洲，人们经常建议身体虚弱的人饮用骆驼奶，以增强身体的抵抗力。联合国粮食及农业组织称，骆驼奶除了富含维生素 C 以外，还含有大量人体所需的不饱和脂肪酸、铁和 B 族维生素。骆驼奶中的免疫球蛋白和天然不饱和脂肪酸对人体健康非常有益。

驼奶历来是偏远养驼区域四季重要的食品资源。特别是在荒漠的干旱区域，养驼牧民缺乏蔬菜与其他可产奶家畜，驼奶就一直成为人们长期主要依靠的食品。驼奶以低脂肪、高钙为主要性能。特别是蒙古族老人喂养小孩，专用双峰驼奶喂养。因为，驼奶属于温性，特别是夏季，小孩喝后不易上火，少生病，驼奶含钙高，小孩喝驼奶后不缺钙，生长发育好，皮肤好，皮肤白、湿润。

## 三、驼奶的开发前景

随着时代的发展，人们的生活需求的不断提高。从温饱阶段逐渐上升为健康的、环保的、安全的饮食标准。骆驼长期生存在无污染的草原，以野生牧草为食。驼奶是无污染食品，现在驼奶价格比牛奶价格高6倍，而且供不应求。开发驼奶的前景非常可观，现在已有很多乳制品企业制作出骆驼奶产品。有骆驼奶酒、瓶装纯驼奶、骆驼酸奶、骆驼奶酪。为了长期保存，使驼奶能够销售到更大的城市，可以制成奶粉、还原奶进行销售，提高驼奶的销售量和价值，增加养驼的利润。

现阶段，骆驼奶利用很广泛。骆驼奶的产品种类很多（图6-7）。第一类是液态乳类，主要包括鲜奶、酸奶等。第二类是乳粉类，包括乳粉、婴幼儿乳粉和其他乳粉、奶片、驼奶合成制品如驼奶巧克力、驼奶钙糖等。第三类是炼乳类。第四类是乳脂肪类。

**图6-7　驼奶产品**

在迪拜，有种珍贵的巧克力，以更健康也更有阿拉伯特色的骆驼奶作原料，以其独特的风味与健康理念，已经风靡欧洲、日

本、美国。

## 第五节　驼皮产品开发

### 一、驼皮的性能

驼皮的利用非常广泛，驼皮和牛皮相同的是面积大、厚度好、结实耐用。但驼皮要比牛皮厚度均匀。肚底与背部厚度基本一致，利用率高，易加工。牛皮肚底薄，背部比肚底皮厚 2 倍，很难利用。

驼皮的制作方法与用途和牛皮基本相同。近几年，南方一些皮革加工企业，专门来阿拉善盟购买驼皮，加工精致高档商品。

原来的驼皮大多数做皮鞋、驼鞍韂、马鞍韂、古老时的盔甲。制作方法很简单，用酸奶熟皮，手工揉制而成。制出的用品柔韧、结实、美观。现在的驼皮工艺品多用机器制作，做出来的产品美观、耐用。

### 二、驼皮的开发前景

驼皮是民用、工艺、工业用品的优质原料。现在大多数做了皮包、皮沙发、皮箱等民用产品。工业用料做靠背、机器保温、垫片等皮革制品，这类产品柔韧、有弹力、耐磨、耐高温，很有开发前景。驼皮也可用于开发新的高档产品。

## 第六节　驼骨产品开发

### 一、驼骨的取用方法

驼骨的利用部位是指骆驼的四腿骨。骆驼的腿骨较长，腿棒骨壁厚度 0.4~0.6cm，长度有 35~45cm，骨管直径 4~7cm。骨质坚硬、密度高、有韧性，是很好的制品原料。取用方法是把骆驼屠宰后，将驼蹄取下来，剥皮后，把两头关节骨锯掉，成为料骨保存。料骨不宜在阳光下和高热的环境下存放。

## 二、驼骨的制作技术

驼腿料骨是很好的装饰品原料。诸多的象牙制品是利用骆驼料骨代替。原来多采用手工制作的工艺，将骆驼料骨使用前要进行去油，在 95℃的水里浸泡 12h，每 2h 取 1 次水面上漂起来的油，直到水上不见油花。再换成清水，加入去腥、防臭剂，加入 2%食醋浸泡 6h 后取出骨料，放在 1~3℃的库房里阴干，根据用料规格进行取用。取成原料胚子后，当日要给料骨面上打蜡，封住水分，防止其过快流失，避免造成料面裂缝而影响使用。产品制好后，表面用蜡封存，再加上美观的包装，易销售。

## 三、驼骨的开发前景

骆驼的料骨是很好的工艺品原料，可利用处非常广泛。开发料骨制作项目是很多工艺品制作企业探究的课题，开发前景非常可观。

# 参考文献


阿拉善盟档案史志局，2011. 中国共产党阿拉善盟大事记［M］. 呼和浩特：内蒙古文化出版社.

哈达奇·刚，2011. 内蒙古民间故事全书［M］. 呼和浩特：内蒙古人民出版社.

李贵华，2009. 阿拉善盟草场保护与生态牧业管理［M］. 北京：中国农业科学技术出版社.

牛峰，2004. 环境——资源保护与生态安全评价［M］. 北京：民族出版社.

田守义，那木吉勒策楞，崔荣，1989. 骆驼放牧饲养管理［M］. 兰州：兰州大学出版社.

王涛，2003. 中国沙漠与沙漠化［M］. 石家庄：河北科学技术出版社.

赵兴绪，张勇，2002. 骆驼养殖与利用［M］. 北京：金盾出版社.

# 李贵华

李贵华，原籍陕西，汉族，行政退休，出生于 1944 年 5 月 20 日，文秘专业、作家、畜牧师、会计师。

在中国农业科学技术出版社出版《阿拉善盟草场保护与生态牧业管理》、在北京科技出版社出版《杂交小尾寒羊培育技术》《退牧还草后的养羊模式》。编写《阿拉善地区气候变化对生态系统的影响》《阿拉善双峰驼科学保护与产业发展》《阿拉善骆驼文化》《话说骆驼》等大型图书。编写电影文学剧本《流沙湾》、22 集电视连续剧文学剧本《家有梧桐树，落下金凤凰》、电影文学剧本《大漠黄驼》与微电影文学剧本《蓝天白云下的阿拉善》等。